普通高等教育"十三五"规划教材

化工原理自测题

化工原理教学中心　编

華東理工大學出版社
EAST CHINA UNIVERSITY OF SCIENCE AND TECHNOLOGY PRESS
·上海·

图书在版编目(CIP)数据

化工原理自测题/化工原理教学中心编. —上海:华东理工大学出版社,2016.2(2023.1 重印)

ISBN 978-7-5628-4527-0

Ⅰ.①化… Ⅱ.①化… Ⅲ.①化工原理—高等学校—习题集 Ⅳ.①TQ02-44

中国版本图书馆 CIP 数据核字(2016)第 026369 号

策划编辑 / 周　颖
责任编辑 / 陈新征
装帧设计 / 方　雷
出版发行 / 华东理工大学出版社有限公司
地址:上海市梅陇路 130 号,200237
电话:021-64250306
网址:www.ecustpress.cn
邮箱:zongbianban@ecustpress.cn
印　　刷 / 广东虎彩云印刷有限公司
开　　本 / 787mm×1092mm　1/16
印　　张 / 7.75
字　　数 / 188 千字
版　　次 / 2016 年 2 月第 1 版
印　　次 / 2023 年 3 月第 6 次
定　　价 / 19.00 元

前　言

《化工原理自测题》是陈敏恒、丛德滋、方图南、齐鸣斋和潘鹤林五位教师主编的《化工原理》教材和陈敏恒、潘鹤林、齐鸣斋三位教师主编的《化工原理(少学时)》教材的配套教学用书。《化工原理》教材在编写上力求加强培养学生综合应用的能力和增强学生对实际工程应用的能力。《化工原理自测题》通过对教材各章节主要概念和内容的自测及具体应用,将学生的应用能力培养贯穿其中。

《化工原理》课程是高等院校化工类、近化工类及相关专业的主干课程,是化学工程与工艺的重要专业基础课程。《化工原理自测题》是为学习化工原理课程的不同层次的读者编写的学习参考书,是华东理工大学化工原理教学中心诸多教师在多年教学过程中辛苦提炼而得的精华测试练习。其出版旨在更完整、更全面地帮助读者理解并掌握基础概念与各单元操作原理等精要内容,提高读者分析与解决综合工程问题的能力。

本书囊括华东理工大学两个层次化工原理课程的教后自测练习,分别包括课程的基本概念和重要公式、各章练习、各学期考试模拟练习及两部教材各章后的思考题答案。

本书由华东理工大学化工原理教学中心全体教师整理编写,练习 1 由许煦整理,练习 2 由丛梅整理,练习 3 由黄婕整理,练习 4 由熊丹柳整理,练习 5 由孙浩整理,练习 6 由袁萍整理,练习 7 由刘玉兰整理,练习 8 由张辉整理,练习 9～练习 10 由吴本芳整理,练习 11～练习 12 由叶启亮整理,练习 13～练习 14 由潘鹤林和曹正芳整理。全书各章节安排由潘鹤林负责协调。本书在编写过程中得到了陈敏恒和齐鸣斋老师的悉心指导,在此表示衷心感谢。

限于编者水平,书中难免存在不妥之处,恳请读者批评指正。

华东理工大学化工原理教学中心全体教师

2015 年 12 月于华东理工大学

目 录

第一篇

概念和公式

1.《化工原理》基本概念、重要公式

第 1 章　流体流动

基本概念

连续性假定　质点　拉格朗日法　欧拉法　定态流动　轨线与流线　系统与控制体　黏性的物理本质　质量守恒方程　静力学方程　总势能　理想流体与实际流体的区别　可压缩流体与不可压缩流体的区别　牛顿流体与非牛顿流体的区别　伯努利方程的物理意义　动量守恒方程　平均流速　动能校正因子　均匀分布　均匀流段　层流与湍流的本质区别　稳定性与定态性　边界层　边界层分离现象　量纲　雷诺数的物理意义　泊谡叶方程　量纲分析实验研究方法的主要步骤　摩擦系数　完全湍流粗糙管　局部阻力当量长度　毕托管　驻点压强　孔板流量计　转子流量计的特点　非牛顿流体的特性(塑性、假塑性与涨塑性、触变性与震凝性、黏弹性)

重要公式

牛顿黏性定律　$\tau=\mu\dfrac{\mathrm{d}u}{\mathrm{d}y}$

静力学方程　$\dfrac{p_1}{\rho}+z_1 g=\dfrac{p_2}{\rho}+z_2 g$

机械能守恒　$\dfrac{p_1}{\rho}+z_1 g+\dfrac{u_1^2}{2}+h_e=\dfrac{p_2}{\rho}+z_2 g+\dfrac{u_2^2}{2}+h_f$

动量守恒　$\sum F_x=q_m(u_{2x}-u_{1x})$

雷诺数　$Re=\dfrac{du\rho}{\mu}=\dfrac{dG}{\mu}=\dfrac{du}{\upsilon}$

阻力损失　$h_f=\lambda\dfrac{l}{d}\dfrac{u^2}{2}$　$h_f\propto\dfrac{u^?}{d^?}\propto\dfrac{q_V^?}{d^?}$

层流　$\lambda=\dfrac{64}{Re}$或$h_f=\dfrac{32\mu ul}{\rho d^2}$　$h_f\propto\dfrac{u}{d^2}\propto\dfrac{q_V}{d^4}$

高度湍流　$h_f\propto\dfrac{u^2}{d}\propto\dfrac{q_V^2}{d^5}$

局部阻力　$h_f=\zeta\dfrac{u^2}{2}$

当量直径　$d_e=\dfrac{4A}{\pi}$

孔板流量计 $q_V = C_0 A_0 \sqrt{\frac{2\Delta\mathscr{P}}{\rho}}, \Delta\mathscr{P} = R(\rho_i - \rho)g$

第 2 章 流体输送机械

基本概念

管路的特性方程 输送机械的压头或扬程 离心泵的主要构件 离心泵理论压头的影响因素 叶片后弯原因 气缚现象 离心泵的特性曲线 离心泵的工作点 离心泵的调节手段 汽蚀现象 必需汽蚀余量$(NPSH)_r$ 离心泵的选型(类型、型号) 离心泵的启动 正位移的特性 往复泵的调节手段 离心泵与往复泵的比较(流量、压头) 通风机的全压、动风压 真空泵的主要性能参数

重要公式

管路特性 $H_e = \frac{\Delta p}{\rho g} + \Delta z + \sum \frac{8\left(\lambda \frac{l}{d} + \zeta\right)}{\pi^2 d^4 g} q_V^2$

泵的有效功率 $P_e = \rho g q_V H_e$

泵效率 $\eta = \frac{P_e}{P_a}$

最大允许安装高度 $[H_g] = \frac{p_0}{\rho g} - \frac{p_V}{\rho g} - \Sigma H_{f0-1} - [(NPSH)_r + 0.5]$

风机全压换算 $p_T' = p_T \frac{\rho'}{\rho}$

第 3 章 液体的搅拌

基本概念

搅拌目的 搅拌器按工作原理分类 混合效果 调匀度 分隔尺度 宏观混合 微观混合 搅拌器的两个功能 旋桨式搅拌器 涡轮式搅拌器 大叶片低转速搅拌器特点及适用范围 改善搅拌效果的工程措施(转速、挡板、偏心、导流筒) 搅拌器功率的影响因素 搅拌功率的分配 搅拌器的放大准则

第 4 章 流体通过颗粒层的流动

基本概念

非球形颗粒的当量直径 形状系数 分布函数 频率函数 颗粒群平均直径的基准床层

比表面　床层空隙率　数学模型法的主要步骤　架桥现象　过滤速率基本方程　过滤常数及影响因素　洗涤速率　过滤机的生产能力 τ_{opt}　叶滤机　板框压滤机　回转真空过滤机　加快过滤速率的途径

重要公式

物料衡算：滤液 V，滤饼中固体 $V_{饼}(1-\varepsilon)$，滤饼中液体 $V_{饼}\varepsilon$

过滤速率基本方程　$\dfrac{dV}{d\tau}=\dfrac{KA^2}{2(V+V_e)}$，其中 $K=\dfrac{2\Delta\mathscr{P}^{1-s}}{r_0\varphi\mu}$

恒速过滤　$V^2+VV_e=\dfrac{KA^2}{2}\tau$

恒压过滤　$V^2+2VV_e=KA^2\tau$

生产能力　$Q=\dfrac{V}{\sum\tau}$

回转真空过滤　$q=\sqrt{K\dfrac{\varphi}{n}+q_e^2}-q_e$

板框压滤机洗涤时间　$(q_e=0,s=0)$　$\tau_w=\dfrac{\Delta\mathscr{P}}{\Delta\mathscr{P}_w}\times\dfrac{\mu_w}{\mu}\times\dfrac{8V_w}{V}\tau$

叶滤机洗涤时间　$(q_e=0,s=0)$　$\tau_w=\dfrac{\Delta\mathscr{P}}{\Delta\mathscr{P}_w}\times\dfrac{\mu_w}{\mu}\times\dfrac{2V_w}{V}\tau$

第 5 章　颗粒的沉降和流态化

基本概念

曳力(表面曳力、形体曳力)　曳力系数　斯托克斯定律区　牛顿区　(自由)沉降速度　重力沉降室加隔板　离心分离因数　旋风分离器主要评价指标　总效率　粒级效率　分割直径 d_{pc}　流化床的特点(混合、压降)　两种流化现象　聚式流化的两种极端情况　起始流化速度　带出速度　气力输送

重要公式

斯托克斯沉降　$u_t=\dfrac{d_p^2(\rho_p-\rho)g}{18\mu}$，$Re_p<2$

重力降尘室生产能力　$q_V=A_{底}u_t$

除尘效率　$\eta=\dfrac{c_{进}-c_{出}}{c_{进}}$

流化床压降　$\Delta\mathscr{P}=\dfrac{m}{A\rho_p}(\rho_p-\rho)g$

第6章　传热

基本概念

传热过程的三种基本方式　载热体　三种传热机理的物理本质　间壁换热传热过程的三个步骤　傅里叶定律　导热系数　热阻　推动力　流动对传热的贡献　牛顿冷却定律　强制对流　自然对流(加热、冷却面的位置)　关联式 $Nu=0.023Re^{0.8}Pr^b$ 的定性尺寸、定性温度，b 的取值　努塞尔数、普朗特数的物理意义　大容积自然对流的自动模化区　液体沸腾的两个必要条件　核状沸腾　膜状沸腾　临界点　沸腾给热的强化　蒸汽冷凝的两种形式　膜状冷凝给热系数 α　排放不凝性气体　各种 α 的相对大小　斯蒂芬-玻耳兹曼定律　黑体　黑度　灰体　基尔霍夫定律　角系数　传热过程的控制步骤　传热操作线　K 与 A 的对应　对数平均推动力　逆流　并流　冷、热流体流动通道的主要选择原则

重要公式

傅里叶定律　$q=-\lambda\dfrac{\partial t}{\partial n}$

牛顿冷却定律　$q=\alpha(T-T_w)$

努塞尔数　$Nu=\dfrac{\alpha l}{\lambda}$

普朗特数　$Pr=\dfrac{c_p\mu}{\lambda}$

圆管内强制湍流　$\alpha=0.023\dfrac{\lambda}{d}Re^{0.8}Pr^b$　当流体受热时，$b=0.4$；当流体冷却时，$b=0.3$

传热系数　$K_1=\dfrac{1}{\dfrac{1}{\alpha_1}+R_1+\dfrac{\delta d_1}{\lambda d_m}+\left(R_2+\dfrac{1}{\alpha_2}\right)\dfrac{d_1}{d_2}}$

传热基本方程　$Q=KA\Delta t_m$

$$\Delta t_m=\frac{\Delta t_1-\Delta t_2}{\ln\dfrac{\Delta t_1}{\Delta t_2}}$$

热量衡算　$Q=q_{m1}c_{p1}(T_1-T_2)=q_{m2}c_{p2}(t_2-t_1)$　或　$Q=q_{m1}r$

第7章　蒸发

基本概念

蒸发操作及其目的　蒸发过程的特点　二次蒸汽　溶液沸点升高　疏水器　汽液两相流的环状流动区域　杜林法则　加热蒸汽的经济性　蒸发器的生产强度　提高生产强度的途径

提高液体循环速度的意义　蒸发节能措施　多效蒸发的效数在技术经济上的限制

重要公式

蒸发水量　$W=F\left(1-\frac{w_0}{w}\right)$

热量衡算　$Q=Dr_0=FC_0(t-t_0)+Wr+Q_{损}$

传热速率　$Q=KA(T-t)$

溶液沸点　$t=t^{\circ}+\Delta$

第 8 章　气体吸收

基本概念

吸收的目的和基本依据　主要操作费　解吸方法　选择吸收溶剂的主要依据　相平衡常数及影响因素　费克定律　扩散流 J_A　净物流 N　主体流动 N_M　传递速率 N_A　漂流因子　(气、液)扩散系数的影响因素　传质机理　气液相际物质传递步骤　有效膜理论与溶质渗透理论的结果差别　传质速率方程式　传质阻力控制　低浓度气体吸收特点　物料衡算式　建立操作线方程的依据　传质单元数 N_{OG}　传质单元高度 H_{OG}　返混　最小液气比　N_{OG}的计算方法　H_{OG}的含义　常用设备的 H_{OG}值　H_{OG}值测定　吸收剂三要素及对吸收结果的影响　化学吸收与物理吸收的区别　增强因子　容积过程　表面过程

重要公式

亨利定律　$p_e=Ex$，$p_e=Hc$；相平衡　$y_e=mx$

费克定律　$J_A=-D_{AB}\frac{dc_A}{dz}$

传递速率　$N_A=J_A+Nx_A$；$N_A=\frac{D}{\delta}\frac{c_M}{c_{Bm}}(c_{A1}-c_{A2})$

$$c_{Bm}=\frac{c_{B2}-c_{B1}}{\ln\frac{c_{B2}}{c_{B1}}}$$

对流传质　$N_A=k_g(p-p_i)=k_L(c_i-c)=k_y(y-y_i)=k_x(x_i-x)$

总传质系数　$K_y=\frac{1}{\frac{1}{k_y}+\frac{m}{k_x}}$

传质速率方程式　$N_A=K_y(y-y_e)=K_x(x_e-x)$

吸收过程基本方程式　$H=H_{OG}N_{OG}=\frac{G}{K_ya}\int_{y_2}^{y_1}\frac{dy}{y-y_e}=\frac{G}{K_ya}\frac{y_1-y_2}{\Delta y_m}$

对数平均推动力　$\Delta y_m=\frac{(y_1-mx_1)-(y_2-mx_2)}{\ln\frac{y_1-mx_1}{y_2-mx_2}}$

吸收因数法 $N_{OG}=\frac{1}{1-\frac{mG}{L}}ln\left[\left(1-\frac{mG}{L}\right)\frac{y_1-mx_2}{y_2-mx_2}+\frac{mG}{L}\right]$

最小液气比 $\left(\frac{L}{G}\right)_{min}=\frac{y_1-y_2}{x_{1e}-x_2}$

物料衡算式 $G(y_1-y_2)=L(x_1-x_2)$

第9章 液体精馏

基本概念

蒸馏的目的及基本依据 主要操作费用 双组分汽液平衡自由度 泡点 露点 非理想物系 总压对相对挥发度的影响 平衡蒸馏 简单蒸馏 连续精馏 间歇精馏 特殊精馏 实现精馏的必要条件 理论板 板效率 恒摩尔流假设及主要条件 回流比 加料热状态参数 q 值的含义及取值范围 建立操作线的依据 操作线为直线的条件 最优加料位置 夹点 恒浓区的特征 全回流 芬斯克方程 最小回流比 最适宜回流比 灵敏板 间歇精馏的特点 恒沸精馏与萃取精馏的主要异同点 多组分精馏流程方案选择 关键组分 清晰分割法 全回流近似法 捷算法步骤

重要公式

相平衡常数 $K_A=\frac{y_A}{x_A}$

相平衡方程 $y=\frac{\alpha x}{1+(\alpha-1)x}$

物料衡算 $F=D+W$

$Fx_F=Dx_D+Wx_W$

轻组分回收率 $\eta_A=\frac{Dx_D}{Fx_F}$

默弗里板效率 $E_{mV}=\frac{y_n-y_{n+1}}{y_n^*-y_{n+1}}$

q 线方程 $y_q=\frac{q}{q-1}x-\frac{x_F}{q-1}$

塔内气液流率 $\overline{L}=L+qF=RD+qF$

$\overline{V}=V-(1-q)F=(R+1)D-(1-q)F$

精馏段操作方程 $y=\frac{R}{R+1}x+\frac{x_D}{R+1}$

提馏段操作方程 $y=\frac{\overline{L}}{\overline{V}}x-\frac{Wx_W}{\overline{V}}$

最小回流比　$R_{\min}=\frac{x_D-y_e}{y_e-x_e}$

芬斯克方程　$N_{\min}=\frac{\lg\left(\frac{x_D}{1-x_D}\frac{1-x_W}{x_W}\right)}{\lg\alpha}$

第 10 章　气液传质设备

基本概念

板式塔的设计意图　对传质过程最有利的理想流动条件　三种气液接触状态　转相点　板式塔内主要的非理想流动　板式塔的不正常操作现象　筛板塔负荷性能图　湿板效率　全塔效率　操作弹性　常用塔板类型　板效率、全塔效率的测定　填料的主要特性参数　常用填料类型　载点　泛点　最小喷淋密度　等板高度 *HETP*　等板高度的测定　填料塔与板式塔的比较

重要公式

全塔效率　$E_T=\frac{N_T}{N_{实际}}$（N_T 不包括塔釜）

填料塔高度　$H=N_T HETP$

第 11 章　液液萃取

基本概念

萃取的目的及原理　溶剂的必要条件　临界混溶点　和点　差点　分配曲线　分配系数　萃取相　萃余相　萃取液　萃余液　选择性系数　操作温度对萃取的影响　单级萃取图解法　错流萃取　完全不互溶物系的逆流萃取　最小溶剂比

重要公式

分配系数　$k_A=\frac{y_A}{x_A}$

选择性系数　$\beta=\frac{y_A/x_A}{y_B/x_B}=\frac{y_A^{\circ}/(1-y_A^{\circ})}{x_A^{\circ}/(1-x_A^{\circ})}$

单级萃取　$F+S=R+E$；$Fx_{FA}+Sz_A=Rx_A+Ey_A$；$Sz_S=Rx_S+Ey_S$

第 12 章　其他传质分离方法

基本概念

溶液结晶操作的基本原理　形成溶液过饱和状态的方法　晶习　溶解度曲线　超溶解度曲线　溶液结晶的两个阶段晶核的生成方式　再结晶现象　过饱和度对结晶速率的影响　吸附现象　物理吸附与化学吸附的区别　吸附分离的基本原理　常用的吸附解吸循环　常用吸附剂　吸附等温线　传质内扩散的四种类型　负荷曲线　浓度波　透过曲线　透过点　饱和点

固定床吸附过程的计算　膜分离基本原理　膜分离过程　分离过程对膜的基本要求　膜分离推动力　浓差极化　阴膜　阳膜　气体混合物膜分离机理

重要公式

总物料衡算式 $\tau_B u(c_1-c_2)=(L-0.5L_0)\rho_B(x_1-x_2)$

传质区计算式 $L_0=H_{OF}N_{OF}=\dfrac{u}{K_f a_B}\displaystyle\int_{c_B}^{c_S}\dfrac{dc}{c-c_e}$

第 13 章　热、质同时传递的过程

基本概念

过程方向的判据　传质方向或传热方向逆转的原因　过程极限的新特点　t_{as}与 t_w 在物理含义上的差别

重要公式

湿度　$H=\dfrac{M_{水}}{M_{空气}}\dfrac{p_{水汽}}{p-p_{水汽}}=0.622\,\dfrac{p_{水汽}}{p-p_{水汽}}$

相对湿度　当 $p_s<p$ 时，$\varphi=\dfrac{p_{水汽}}{p_s}$；当 $p_s>p$ 时，$\varphi=\dfrac{p_{水汽}}{p}$

焓　$I=(1.01+1.88H)t+2500H$

湿球温度　$t_w=t-\dfrac{k_H}{\alpha}r_w(H_w-H)$

绝热饱和温度　$t_{as}=t-\dfrac{r_{as}}{c_{pH}}(H_{as}-H)$

路易斯规则　空气一水系统$\dfrac{\alpha}{k_H}=1.09\text{kJ/(kg·℃)}\approx c_{pH}$，$t_{as}\approx t_w$

第 14 章　固体干燥

基本概念

物料去湿的常用方法　对流干燥过程的特点　主要操作费用　t_d, t_w, t 的大小关系　改变湿空气温度、湿度的工程措施　平衡蒸气压曲线　结合水与非结合水　平衡含水量　自由含水量　恒速干燥阶段及物料表面温度　降速干燥阶段　临界含水量及其影响因素　干燥速率对产品性质的影响　连续干燥过程的特点　热效率　理想干燥过程的条件　提高热效率的措施　干燥器选型

重要公式

干燥速率　$N_A = -\dfrac{G_c}{A}\dfrac{dX}{d\tau}$

恒速段速率　$N_A = k_H(H_w - H) = \dfrac{\alpha}{r_w}(t - t_w)$

间隙干燥　恒速段时间　$\tau_1 = \dfrac{G_c(X_1 - X_c)}{AN_A}$

降速段时间　$\tau_2 = \dfrac{G_c}{AK_X}\ln\dfrac{X_c - X^*}{X_2 - X^*}$（近似处理 $N_A = K_X(X - X^*)$）

连续干燥　物料衡算　$W = G_c(X_1 - X_2) = V(H_2 - H_1)$

热量衡算　$Q + Q_{补} = Q_1 + Q_2 + Q_3 + Q_{损}$

预热器　$Q = V(I_1 - I_0)$

理想干燥　$I_2 = I_1$

热效率　$\eta = \dfrac{Q_1 + Q_2}{Q + Q_{补}}$；当 $Q_{补} = Q_{损} = 0$ 时，$\eta = \dfrac{t_1 - t_2}{t_1 - t_0}$

2.《化工原理(少学时)》基本概念、重要公式

第1章 流体流动与输送机械

基本概念

连续性假定:流体是由大量质点组成的、彼此间没有间隙、完全充满所占空间的连续介质。

质点:含有大量分子的流体微团,其尺寸远小于设备尺寸,但比分子自由程大得多。

定态流动:流体运动空间各点的状态不随时间的变化而变化,这种流动称为定态流动。

系统与控制体:系统是包含众多流体质点的集合,其与外界有力的作用和能量交换,但无质量交换;以某些固定空间体积考察问题,该空间体积称为控制体。

黏性的物理本质:是分子间的引力和分子的运动与碰撞。

质量守恒方程:在单元操作中,对于任一系统,单位时间内输入系统的物料质量必定等于输出该系统的物料质量与在该系统累积的物料质量之和。

静力学方程:静止流体内部压强能、位能之间的数量关系,压强能与位能之和称为总势能,两种表达形式,$\mathscr{P}/\rho=\frac{p}{\rho}+gz=$常数。

总势能:压强能和位能都是势能,两者之和为总势能。

理想流体与实际流体的区别:黏度是零的流体称为理想流体,实际流体都有黏度。

可压缩流体与不可压缩流体的区别:密度不随压强变化的流体称为不可压缩流体,密度随压强变化的流体称为可压缩流体。

牛顿流体与非牛顿流体的区别:符合牛顿黏性定律的流体称为牛顿流体,不符合牛顿黏性定律的流体称为非牛顿流体。

伯努利方程的物理意义:不可压缩流体在重力场中作定态流动时,位能、压强能、动能三种能量之间可以互相转换,但其和保持不变。

层流与湍流的本质区别:湍流时流体质点存在随机的脉动,层流无脉动。

边界层:流动流体与固体界面接触时,因壁面阻滞,与壁面接触的流体流速立即降为零,定义流速降为未受固体壁面影响流速的99%以内的区域为边界层,简言之,边界层是边界影响所及的区域。

边界层分离现象与结果:逆压强梯度下,边界层分离;边界层分离造成大量漩涡,大大增加机械能损失。

雷诺数的物理意义:流动流体惯性力与黏性力之比。

泊谡叶方程:流体在直管内作层流流动时,因阻力损失造成势能差的直接计算式,即$\Delta\mathscr{P}=\frac{32\mu lu}{d^2}$。

摩擦因数:又称摩擦系数,工程上计算机械能损失的系数,常表示为雷诺数与相对粗糙度的函数形式。

毕托管:常用以测量某点流速的装置。

孔板流量计:利用流体流动时管道缩小产生的机械能损失测量流量的装置,管流时在管道内安装孔板,因而得名。

转子流量计的特点:流体流动时,利用转子在流体中的浮沉来测量流量的装置,应用范围较广。

管路的特性方程:管路中流体的流量与所需补加能量的关系式,即 $H=\frac{\Delta\mathscr{P}}{\rho g}+Kq_V^2$。

输送机械的压头或扬程:通常将输送机械向单位重量流体提供的能量称为该机械的压头或扬程。

离心泵的主要构件:叶轮和蜗壳,叶轮是离心泵直接对液体做功的部件,液体流经蜗壳,流道扩大而减速,动能中的一部分转化为势能。

叶片后弯原因:离心泵以势能和动能两种形式向流体提供能量,后弯叶片提供的势能比例较高,即可获得较高的能量利用率,离心泵总是采用后弯叶片。

气缚现象:泵运转时吸入管路和泵的轴心处于负压状态,因管路及轴封不良而漏入空气,使泵内流体的平均密度下降,严重时泵无法吸上液体,称为气缚。

离心泵的特性曲线:在一定转速下,离心泵的扬程、效率、轴功率与输液量间的关系曲线,扬程与流量关系曲线最为重要。

离心泵的工作点:管路特性曲线与泵的特性曲线的交点。

离心泵的调节手段:调节离心泵流量的方法即改变工作点的位置,可通过管路出口阀门、泵的转速与叶轮直径进行流量调节。

汽蚀现象:因离心泵安装高度太高,输送流体时叶轮进口处的压强降到被输送流体输送条件下的饱和蒸气压,引起液体部分汽化,含有气泡的液体进入叶轮后,压强升高,气泡凝聚,造成局部真空,对叶轮造成冲击,引起叶轮振动,长时间运转,叶轮过早损坏,这种现象称为泵的汽蚀。汽蚀时,泵体振动并发噪声,流量、扬程和效率明显下降。

必需汽蚀余量(NPSH)$_r$:在泵内刚发生汽蚀的临界条件下,泵入口处液体的机械能$\left(\frac{p_{1,\min}}{\rho g}+\frac{u_1^2}{2g}\right)$比液体汽化时的势能超出$\left(\frac{u_K^2}{2g}+\sum H_{f(1-K)}\right)$,此超出量称为离心泵的临界汽蚀余量。

离心泵的选型(类型、型号):根据被输送流体的性质和操作条件确定泵的类型;根据管路对泵提出的流量和压头要求确定泵的型号。

正位移的特性:往复泵提供的压头只是决定于管路情况,这种特性称为正位移特性。

往复泵的调节手段:调节往复泵流量的方法,以旁路阀门、曲柄转速和活塞行程的调节达到调节目的。旁路调节适用于幅度较小的经常性调节;改变转速则是最常用的经济方法。

离心泵与往复泵的比较(流量、压头):参见《化工原理(少学时)》第二版第 45 页。

通风机的全压、动风压:通风机的压头包括静风压和动风压,两者之和为全压。

真空泵的主要性能参数:极限真空和抽气速率。

重要公式

牛顿黏性定律　$\tau=\mu \dfrac{\mathrm{d}u}{\mathrm{d}y}$

静力学方程　$\dfrac{p_1}{\rho}+z_1 g=\dfrac{p_2}{\rho}+z_2 g$

机械能守恒　$\dfrac{p_1}{\rho}+z_1 g+\dfrac{u_1^2}{2}+h_{\mathrm{e}}=\dfrac{p_2}{\rho}+z_2 g+\dfrac{u_2^2}{2}+h_{\mathrm{f}}$

雷诺数　$Re=\dfrac{du\rho}{\mu}=\dfrac{dG}{\mu}=\dfrac{du}{\upsilon}$

阻力损失　$h_{\mathrm{f}}=\lambda \dfrac{l}{d}\dfrac{u^2}{2}$　　$h_{\mathrm{f}}\propto\dfrac{u^?}{d^?}\propto\dfrac{q_V^?}{d^?}$

层流　$\lambda=\dfrac{64}{Re}$或　$h_{\mathrm{f}}=\dfrac{32\mu ul}{\rho d^2}$　　$h_{\mathrm{f}}\propto\dfrac{u}{d^2}\propto\dfrac{q_V}{d^4}$

高度湍流　$h_{\mathrm{f}}\propto\dfrac{u^2}{d}\propto\dfrac{q_V^2}{d^5}$

局部阻力　$h_{\mathrm{f}}=\zeta\dfrac{u^2}{2}$

孔板流量计　$q_V=C_0A_0\sqrt{\dfrac{2\Delta\mathscr{P}}{\rho}}$，$\Delta\mathscr{P}=R(\rho_i-\rho)g$

管路特性　$H_{\mathrm{e}}=\dfrac{\Delta p}{\rho g}+\Delta z+\sum\dfrac{8\left(\lambda\dfrac{l}{d}+\zeta\right)}{\pi^2 d^4 g}q_V^2$

泵的有效功率　$P_{\mathrm{e}}=\rho g q_V H_{\mathrm{e}}$

泵效率　$\eta=\dfrac{P_{\mathrm{e}}}{P_{\mathrm{a}}}$

最大允许安装高度　$[H_{\mathrm{g}}]=\dfrac{p_0}{\rho g}-\dfrac{p_V}{\rho g}-\sum H_{\mathrm{f0-1}}-[(NPSH)_{\mathrm{r}}+0.5]$

风机全压换算　$p_{\mathrm{T}}'=p_{\mathrm{T}}\dfrac{\rho'}{\rho}$

第2章　传热

基本概念

传热过程的三种基本方式：直接接触式传热、间壁式传热和蓄热式传热。

载热体：传递热量的流体称为载热体，冷、热流体都是载热体。

三种传热机理：热传导、对流给热、辐射传热。

间壁式传热过程的三个步骤：热量序贯地由热流体传给管壁内侧、再由管壁内侧传至外侧，最后由管壁外侧传给冷流体。

傅里叶定律:热传导时,热流密度与法向温度梯度成正比,热流方向与温度梯度方向相反,即热量从高温传至低温。

导热系数:又称热导率,是傅里叶定律的比例系数,表征材料导热性能的一个物性参数。

传热推动力:传热过程是在一定温差下进行的,此温差即为传热推动力,可见没有温差就没有传热。

流动对传热的贡献:流动增加了壁面处的温度梯度,强化了传热。

牛顿冷却定律:工程上将对流给热的热流密度表示为对流给热系数与温差的乘积形式,此为牛顿冷却定律。

强制对流:流体在外力作用下引起的流动称为强制对流。

自然对流:由于流体内部存在温度差异而引起的密度差,造成压强差,从而造成环流,这种温差引起的流动称为自然对流。

关联式 $Nu=0.023Re^{0.8}Pr^{b}$ 的定性尺寸、定性温度,b 的取值:流体在圆形直管内强制湍流时的对流给热系数经验关联计算式;特征尺寸是管道内径;定性温度是进、出口处流体主体温度的算数平均值;当流体被加热时,$b=0.4$,当流体被冷却时,$b=0.3$。

努塞尔数、普朗特数的物理意义:努塞尔数反映的是对流使给热系数增大的倍数;普朗特数是流体物理性质对给热过程的影响。

液体沸腾的两个必要条件:过热度和汽化核心。

核状沸腾:大容积饱和沸腾时,加热面产生气泡,给热系数随过热度急剧增大,气泡的产生和脱离对加热面附近液体的扰动较为剧烈,此阶段称为核状沸腾。

膜状沸腾:经过核状沸腾后,加热面汽化核心继续增多,气泡在脱离加热面之前互相连接,形成气膜,将加热面和液体隔开,开始时形成的气膜不稳定,形成不稳定膜状沸腾;气膜稳定后,称为稳定膜状沸腾。

工业沸腾装置在核状沸腾下操作的原因:核状沸腾具有给热系数大、壁温低的优点。

蒸汽冷凝的两种形式:膜状冷凝和滴状冷凝。

排放不凝性气体:蒸汽冷凝过程中,可凝性蒸汽不断被凝结,不凝性气体被阻留。不凝性气体的存在引起蒸汽冷凝给热系数大为降低,为减少不凝性气体的这种不良影响,需定期排放不凝性气体。

各种 α 的相对大小:参见下表。

流体	对流给热系数大致范围/[W/(m^2·℃)]
气体	几十到上百
液体	几百到几千
有相变	几千到上万

传热过程的控制步骤:传热过程的总热阻是由各串联环节的热阻叠加而成的,但各环节热阻具有不同的数量级时,总热阻的数值将主要由其中最大的热阻决定,该最大热阻称为控制热阻。

传热操作线:无相变冷、热流体热交换时,对任意截面间取控制体作热量衡算得到冷、热流体在换热器某一截面上冷、热流体温度间的线性图示关系即传热操作线。

K 与 A 的对应：在传热中以内、外表面积为基准的传热系数是不同的，但 $K_oA_o=K_iA_i$，此关系为 K 与 A 的对应。

对数平均推动力：关系式 $\Delta t_m=\dfrac{\Delta t_1-\Delta t_2}{\ln\dfrac{\Delta t_1}{\Delta t_2}}$

逆流：冷、热流体在热交换中流动的方向相反，称为逆流。

并流：冷、热流体在热交换中流动的方向相同，称为并流。

冷、热流体流动通道的主要选择原则：参见《化工原理(少学时)》第二版第 91 页。

重要公式

傅里叶定律　$q=-\lambda\dfrac{\partial t}{\partial n}$

牛顿冷却定律　$q=\alpha(T-T_w)$

努塞尔数　$Nu=\dfrac{\alpha l}{\lambda}$

普朗特数　$Pr=\dfrac{c_p\mu}{\lambda}$

圆管内强制湍流　$\alpha=0.023\dfrac{\lambda}{d}Re^{0.8}Pr^b$　当流体受热时，$b=0.4$；当流体冷却时，$b=0.3$

传热系数　$K_1=\dfrac{1}{\dfrac{1}{\alpha_1}+R_1+\dfrac{\delta d_1}{\lambda d_m}+\left(R_2+\dfrac{1}{\alpha_2}\right)\dfrac{d_1}{d_2}}$

传热基本方程　$Q=KA\Delta t_m$

$$\Delta t_m=\frac{\Delta t_1-\Delta t_2}{\ln\dfrac{\Delta t_1}{\Delta t_2}}$$

热量衡算　$Q=q_{m1}c_{p1}(T_1-T_2)=q_{m2}c_{p2}(t_2-t_1)$ 或 $Q=q_{m1}r$

第 3 章　非均相机械分离过程

基本概念

非球形颗粒的当量直径：工业上固体颗粒大多为非球形，不能以单一参数全面地表征颗粒体积、表面积和比表面积。试图将非球形颗粒以某种相当的球形颗粒表示，使得非球形颗粒特性与此球形颗粒等效，该球形颗粒的直径称为非球形颗粒的当量直径。

形状系数：参见《化工原理(少学时)》第二版 107 页，其值大小表示接近球形的程度。

曳力系数：参见《化工原理(少学时)》第二版 109 页。

斯托克斯定律区（自由）沉降速度：$u_t=\dfrac{d_p^2(\rho_p-\rho)g}{18\mu}$，$Re_p<2$

重力降尘室加隔板:降尘室处理能力取决于降尘室底面积,与高度无关,因此,降尘室被设计成扁平形状或在室内设置多层水平隔板。

床层空隙率:床层空隙体积(床层体积一颗粒所占体积)与床层体积之比。

架桥现象:过滤时,过滤介质是多孔性织物,网孔尺寸未必比被截留颗粒直径小,过滤开始阶段,少部分固体颗粒进入过滤介质的网孔中发生架桥现象。

过滤速率基本方程 :$\frac{dV}{d\tau}=\frac{KA^2}{2(V+V_e)}$或$\frac{dq}{d\tau}=\frac{K}{21q+q_e}$

过滤常数及影响因素:过滤常数为K、q_e,影响因素为压差、悬浮液浓度、滤液黏度、过滤介质等。

板框压滤机洗涤时间($q_e=0,s=0$)　$\tau_w=\frac{\Delta\mathscr{P}}{\Delta\mathscr{P}_w}\frac{\mu_w}{\mu}\frac{8V_w}{V}\tau$

叶滤机洗涤时间($q_e=0,s=0$)　$\tau_w=\frac{\Delta\mathscr{P}}{\Delta\mathscr{P}_w}\frac{\mu_w}{\mu}\frac{2V_w}{V}\tau$

过滤机的生产能力:$Q=\frac{V}{\sum\tau}$,单位时间得到的滤液量表示间歇过滤机的生产能力。

各种代表性过滤设备:叶滤机、板框压滤机、回转真空过滤机。

重要公式

斯托克斯沉降　$u_t=\frac{d_p^2(\rho_p-\rho)g}{18\mu}$,　$Re_p<2$

重力降尘室生产能力　$q_V=A_{底}u_t$

物料衡算　滤液V,滤饼中固体$V_{饼}(1-\varepsilon)$,滤饼中液体$V_{饼}\varepsilon$

过滤速率基本方程　$\frac{dV}{d\tau}=\frac{KA^2}{2(V+V_e)}$,其中$K=\frac{2\Delta\mathscr{P}^{1-s}}{r_0\phi\mu}$

恒速过滤　$V^2+VV_e=\frac{KA^2}{2}\tau$

恒压过滤　$V^2+2VV_e=KA^2\tau$

生产能力　$Q=\frac{V}{\sum\tau}$

回转真空过滤　$q=\sqrt{K\frac{\varphi}{n}+q_e^2}-q_e$

板框压滤机洗涤时间($q_e=0,s=0$)　$\tau_w=\frac{\Delta\mathscr{P}}{\Delta\mathscr{P}_w}\frac{\mu_w}{\mu}\frac{8V_w}{V}\tau$

第4章　吸收

基本概念

吸收的目的和基本依据:目的包括回收有用物质、制造产品和脱除有害成分;基本依据是混合气体中各组分在溶剂中溶解度的差异。

主要操作费用:解吸费用即溶剂再生费用。

解吸方法:升温、减压、吹气。

选择吸收溶剂的主要依据:对溶质有较大的溶解度,选择性溶解溶质组分,溶质在溶剂中的溶解度对温度较为敏感,低蒸气压、低黏度、化学稳定性好、价廉、无毒。

气液两相接触方式:微分接触和级式接触。

相平衡常数及影响因素:m,影响因素包括温度、总压。

相平衡与吸收的关系:判别过程方向、指明过程极限、计算过程推动力。

费克定律:分子扩散定律,$J_A=-D_{AB}\frac{dc_A}{dz}$

(气、液)扩散系数的影响因素:气体扩散系数受温度、压强影响;液体扩散系数受温度、黏度影响。

传质机理:分子扩散和对流传质。

气液相际物质传递步骤:气相与界面的对流传质、界面上溶质组分的溶解、液相与界面的对流传质三个过程串联而成。

有效膜理论:气液界面两侧各存在一层静止的气膜和液膜,全部传质阻力集中于该两层静止膜中,膜中的传质是定态的分子扩散。

传质速率方程式:$N_A=K_y(y-y_e)=K_x(x_e-x)$(以总推动力表示)

传质阻力控制:依据双膜理论,总传质阻力为气相传质阻力与液相传质阻力之和。传质阻力主要集中于气相,此类过程为气相阻力控制过程;传质阻力主要集中于液相,称为液相阻力控制过程。

低浓度气体吸收特点:气液相流率为常数、传质系数为常数、等温吸收过程。

物料衡算式:吸收过程的物料衡算有两种:微分表达式和全塔物料衡算式。前者是微分接触微元塔段物料衡算关系,后者既适用于全塔又适用于某塔段。

建立操作线方程的依据:物料衡算。

传质单元数 N_{OG}:反映分离任务的难易。其值大,表明分离要求高或吸收剂性能太差。

传质单元高度 H_{OG}:反映吸收设备的效能,表示完成一个传质单元所需的塔高。

最小液气比:当塔高无穷大时完成指定分离任务所需的液气比达到最小,简称最小液气比。

N_{OG}的计算方法:对数平均法、公式法(吸收因数法)和数值积分法。

H_{OG}的含义:传质单元数为1时的塔高度,反映设备效能的高低。

常用设备的 H_{OG}值:常用吸收设备的传质单元高度约为 0.15~1.5m。

吸收剂三要素及对吸收结果的影响:液相流率、温度、含量;对吸收结果的影响参见《化工原理(少学时)》第二版第 163 页。

填料的主要特性参数:比表面积、空隙率、单位体积内的填料数目。

常用填料类型:拉西环、鲍尔环、矩鞍形填料、阶梯环填料、金属 Intalox 填料、网体填料、规整填料。

等板高度 HETP:分离效果相当于一块理论板的填料层高度。

填料塔的附属设备:支承板、液体分布器、液体再分布器、除沫器。

重要公式

亨利定律　$p_e = Ex, p_e = Hc$；　相平衡　$y_e = mx$

费克定律　$J_A = -D_{AB}\frac{dc_A}{dz}$

对流传质　$N_A = k_g(p - p_i) = k_L(c_i - c) = k_y(y - y_i) = k_x(x_i - x)$

总传质系数　$K_y = \frac{1}{\frac{1}{k_y} + \frac{m}{k_x}}$

传质速率方程式　$N_A = K_y(y - y_e) = K_x(x_e - x)$

吸收过程基本方程式　$H = H_{OG}N_{OG} = \frac{G}{K_y a}\int_{y_2}^{y_1}\frac{dy}{y - y_e} = \frac{G}{K_y a}\frac{y_1 - y_2}{\Delta y_m}$

对数平均推动力　$\Delta y_m = \frac{(y_1 - mx_1) - (y_2 - mx_2)}{\ln\frac{y_1 - mx_1}{y_2 - mx_2}}$

吸收因数法　$N_{OG} = \frac{1}{1 - \frac{mG}{L}}\ln\left[\left(1 - \frac{mG}{L}\right)\frac{y_1 - mx_2}{y_2 - mx_2} + \frac{mG}{L}\right]$

最小液气比　$\left(\frac{L}{G}\right)_{\min} = \frac{y_1 - y_2}{x_{1e} - x_2}$

物料衡算式　$G(y_1 - y_2) = L(x_1 - x_2)$

第5章　精馏

基本概念

蒸馏的目的及基本依据:蒸馏是利用混合液中各组分挥发性的差异而达到分离目的。

主要操作费用:加热和冷却费用是蒸馏过程的主要操作费用。

双组分汽液平衡自由度:依据相律,组分数为2,相数为2,双组分汽液两相平衡时的自由度为2。

泡点:混合液体上方的平衡蒸汽压可用拉乌尔定律表示为液相组成与混合液温度下的饱和蒸汽压乘积,饱和蒸汽压是温度的函数。混合液体各组分的蒸汽压之和等于外压时,液体沸腾,借此建立液相组成和温度之间的定量关系。工程上将此时的温度称为泡点。

露点:类似地,对于联立拉乌尔定律和道尔顿分压定律可得到气相组成与温度的关系,此温度即为露点。

总压对相对挥发度的影响:蒸馏操作压强增高,泡点随之升高,相对挥发度减小,分离困难。

连续精馏:物料从塔的中部某适当位置被连续地加入塔内,塔顶冷凝器将蒸汽冷凝为液体,冷凝液一部分回流至塔顶,另一部分作为塔顶产品连续排出。即塔上半部分上升蒸汽和回流液体之间进行着逆流接触和物质传递。塔釜再沸器加热液体产生蒸汽，蒸汽沿塔上升，与下降液体逆流接触并进行物质传递，塔釜连续地排出部分液体作为塔釜产品。这种混合液体精馏分离过程是连续进行的，工程上简称连续精馏。

实现精馏的必要条件：回流液逐板下降和蒸汽逐板上升是实现精馏的必要条件。

理论板：气、液两相皆充分混合且传热与传质的阻力皆为零的理想化塔板即为理论板。

板效率：默弗里板效率 $E_{mV}=\dfrac{y_n-y_{n+1}}{y_n^*-y_{n+1}}$

恒摩尔流假设及主要条件：无加料和出料的任一塔段中，各板上升蒸汽量均相等，各板下降的液体量也均相等，此为恒摩尔流假定。其成立的前提是混合液各组分汽化潜热相近。

回流比：塔顶回流量与塔顶产品量之比即为回流比。

加料热状态参数 q 值的含义及取值范围：参见《化工原理（少学时）》第二版第 182～183 页。

建立操作线的依据：物料衡算。

操作线为直线的条件：恒摩尔流假定。

最优加料位置：参见《化工原理（少学时）》第二版第 187 页。

全回流：上升到塔顶的蒸汽冷凝后全部回入塔内，称为全回流。全回流时，不加料、不出料，上升蒸汽与下降液体量相等；同时全回流时，$y-x$ 图中的精馏段与提馏段操作线均重叠于对角线，达到指定分离要求所需要的理论板数最少；全回流在设备开工、调试及实验研究时采用。

芬斯克方程：全回流时，最少理论板数与塔顶、塔釜组分含量、相对挥发度之间的计算关联式，参见《化工原理（少学时）》第二版 190 页。

最小回流比：在精馏塔设计条件下，假设理论板数无穷多，达到指定分离程度时的回流比最小，称为最小回流比。

最适宜回流比：精馏分离液体混合物时，设备费与操作费之和为总费用，在总费用达到最低时对应的回流比为最适宜回流比。

灵敏板：其温度对外界干扰因素反映最灵敏的塔板为灵敏板。

板式塔的设计意图：在塔内创造一个对传质过程最为有利的理想流动条件，即在总体上使两相呈逆流接触，而在每一块塔板上两相呈均匀的错流接触。

三种气液接触状态：鼓泡接触、泡沫接触、喷射接触。

板式塔内主要的非理想流动：空间上的反向流动包括液沫夹带、气泡夹带；空间上的不均匀流动包括气体沿塔板的不均匀流动、液体沿塔板的不均匀流动。

板式塔的不正常操作现象：夹带液泛、溢流液泛、漏液。

筛板塔塔板类型：泡罩塔板、浮阀塔板、筛孔塔板、舌形塔板、网孔塔板、垂直筛板、多降液管塔板、林德筛板、无溢流塔板。

全塔效率：完成一定分离任务所需理论板数与实际板数的比值。

重要公式

相平衡常数　$K_A=\dfrac{y_A}{x_A}$

相平衡方程　$y=\frac{\alpha x}{1+(\alpha-1)x}$

物料衡算　$F=D+W$

$Fx_F=Dx_D+Wx_W$

轻组分回收率　$\eta_A=\frac{Dx_D}{Fx_F}$

默弗里板效率　$E_{mV}=\frac{y_n-y_{n+1}}{y_n^*-y_{n+1}}$

q 线方程　$y=\frac{q}{q-1}x-\frac{x_F}{q-1}$

塔内气液流率　$\overline{L}=L+qF=RD+qF$

$\overline{V}=V-(1-q)F=(R+1)D-(1-q)F$

精馏段操作方程　$y=\frac{R}{R+1}x+\frac{x_D}{R+1}$

提馏段操作方程　$y=\frac{\overline{L}}{\overline{V}}x-\frac{Wx_w}{\overline{V}}$

最小回流比　$R_{min}=\frac{x_D-y_e}{y_e-x_e}$

第6章　其他传质分离方法

基本概念

液液萃取的基本原理: 利用液体混合物各组分在溶剂中溶解度的差异而实现分离。

液液萃取两相接触方式: 微分接触和级式接触。

分配系数: 溶质A在两相间平衡组成时萃取相含量与萃余相含量的比值称为分配系数。

选择性系数: 溶质A在萃取液和萃余液中的差异可用选择性系数 β 表示，定义 $\beta=\frac{y_A/y_B}{x_A/x_B}=\frac{k_A}{k_B}$ 为选择性系数。

溶液结晶的基本原理: 利用物质在不同温度下溶解度的差异来分离而得到高纯度产品的单元操作。

过饱和度: 物质过饱和溶液浓度和溶液的溶质浓度之差称为过饱和度，也可理解为过饱和溶液的浓度超过该条件下饱和浓度的程度。结晶过程形成晶体要经历成核和生长两个阶段。成核机理有三种：初级成核、初级非均相成核和二次成核。溶液在较高过饱和度下自发生成晶核的过程称为初级成核。溶液在外加物诱导下形成晶核的过程称为非均相成核。

吸附基本原理: 利用多孔性固体颗粒选择性吸附流体中的一种或几种组分，使流体混合物得到分离的过程。吸附过程放出或吸收的热量称为吸附热，物理吸附的吸附热比化学吸附的吸附热低。

吸附等温线:在一定条件下,吸附剂和吸附质接触达到平衡时,吸附量与吸附质组分分层之间的关系曲线称为吸附等温线。

常见吸附剂:吸附剂分为天然和人工两大类。天然矿物吸附剂有白土、硅藻土、天然沸石等。人工吸附剂有活性炭、硅胶、活性氧化铝、合成沸石分子筛、吸附树脂等。

吸附剂的基本指标:包括比表面积(单位体积吸附剂所具有的吸附表面积)、吸附容量、密度(装填密度与空隙率、真密度、表观密度)。

吸附机理:组分吸附传质分外扩散、内扩散和吸附三个步骤。

负荷曲线和透过曲线:吸附床层中吸附相浓度沿流体流动方向的变化曲线称为负荷曲线。床层出口处流体中吸附质浓度随时间的变化称为透过曲线。

膜分离基本原理:利用固体膜对流体混合物中各组分选择性渗透而分离各个组分的方法统称为膜分离。

膜分离的主要类型:主要有微孔过滤、超滤、反渗透、电渗析等。分离透过特性常用膜的截留率、透过速率、截留相对分子质量等参数表示,不同的膜用不同参数表示其分离透过特性。

反渗透:是利用反渗透膜只能透过溶剂(常为水)的性质,对溶液施加一定压差,克服溶剂的渗透压,使溶剂透过反渗透膜而从溶液中分离出来的单元操作。

超滤:是以压差为推动力,用固体多孔膜截留混合物中的微粒和大分子溶质而使溶剂透过膜孔的分离操作。

电渗析:是以电位差为推动力,利用离子交换膜的选择透过特性使溶液中的离子做定向迁移以达到脱除或富集电解质的膜分离操作。

第7章　固体干燥

基本概念

干燥基本原理:利用热能将物料中的湿分除去的单元操作,其显著特点是热质同时传递过程。

对流干燥过程特点:热量由气流向物料传递,湿分由物料向气流传递,即对流干燥过程是热、质同时反向传递的过程,气流既是载热体又是载湿体。

湿空气的参数:包括水汽分压、露点温度、湿度、相对湿度、湿空气的焓和比热容、比体积、干球温度、湿球温度和绝热饱和温度。

焓湿图:常以100kPa下湿空气各参数关系图表示,图中包括等湿度线、等焓线、等干球温度线、等相对湿度线、水蒸气分压线。

结合水和非结合水:借化学力或物理化学力与固体相结合的水统称为结合水;机械附着在固体表面或颗粒堆积层中的大空隙(非毛细管力)内的水统称为非结合水。

平衡水和自由水:将在指定空气条件下的被干燥物料的极限含水量称为该空气状态下的平衡含水量,相应地将能被指定空气状态带走的水分称为自由水。自由含水量是干燥过程的推动力。结合水与非结合水、平衡水与自由水是两种不同的区分,水的结合与否与固体性质有关,与空气状态无关。平衡水与自由水的区分则与空气状态有关。

干燥速率：单位时间、单位面积（汽固接触界面）被汽化的湿分量称为干燥速率 N_A。整个干燥过程可分为恒速干燥和降速干燥两个阶段。两阶段传热、传质各有特点。恒速干燥阶段除去的是物料表面的非结合水，物料表面温度为空气的湿球温度 t_W；降速干燥阶段，干燥速率的变化规律和物料性质及其内部结构相关。引起干燥速率下降的原因主要有：湿分实际汽化表面减小、汽化表面内移、平衡蒸汽压下降和固体内部水分扩散减慢。

临界含水量和临界自由含水量：固体物料在恒速干燥终了时的含水量称为临界含水量；扣除平衡含水量后称为临界自由含水量 X_C，其大小和物料本身的结构、分散程度有关，也和干燥介质条件（流速、温度、湿度）的影响有关。

第二篇

练　习

练习 1　流体流动

一、填空题

1. 连续性假定是指____。

2. 层流流动时________________的流体称非牛顿流体。

请列举非牛顿流体的三种弹性行为________，________，________。

3. 请指出圆管内湍流和层流的区别，并填写下表。

<table>
<tr><td>流型</td><td>层流</td><td colspan="2">湍流</td></tr>
<tr><td>本质区别</td><td></td><td colspan="2"></td></tr>
<tr><td>Re</td><td></td><td colspan="2"></td></tr>
<tr><td>剪应力分布</td><td></td><td colspan="2"></td></tr>
<tr><td>速度分布</td><td></td><td colspan="2"></td></tr>
<tr><td>u/u_{max}</td><td></td><td colspan="2"></td></tr>
<tr><td rowspan="2">λ 与 Re 的关系</td><td rowspan="2"></td><td>高度湍流</td><td></td></tr>
<tr><td>一般湍流</td><td></td></tr>
<tr><td>λ 与 ε/d 的关系</td><td></td><td colspan="2"></td></tr>
</table>

4. 圆形直管内，q_V一定，设计时若将 d 增加一倍，则层流时 h_f是原值的________倍，高度湍流时，h_f是原值的________倍。（忽略 ε/d 的变化）

5. 流体在直管内流动造成阻力损失的根本原因是________________，直管阻力损失体现在________________。

6. 某孔板流量计用水测得 $C_0=0.64$，现用于测 $\rho=900\text{kg/m}^3$，$\mu=0.8\text{mPa}\cdot\text{s}$ 的液体，问此时 C_0________0.64。（>，=，<）

7. 如图示管线，将支管 A 的阀门开大，则管内以下参数如何变化？（↑，↓）

q_{VA}________，q_{VB}________，

$q_{V总}$________，p________，

h_{fA}________，h_{fMN}________。

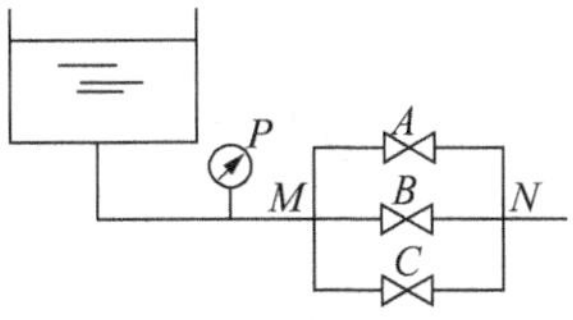

题一(7)图

8. 如图所示管路系统中，已知流体流动的总阻力损失 $h_f=56$J/kg，若关小阀门，则总阻力损失 $h_f'=$________ J/kg，两槽液面的垂直距离 $H=$________ m。

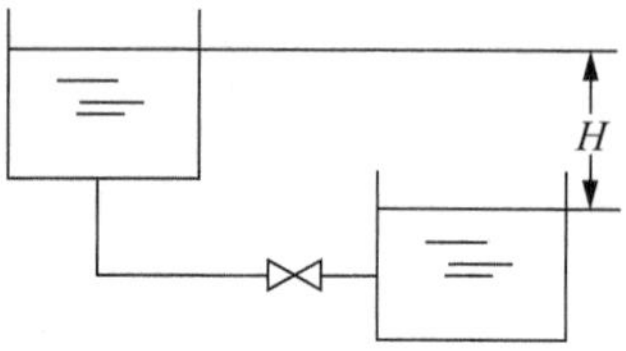

题一(8)图

9. 如图所示管路系统中，已知 $d_{ab}=d_{cd}$，$\varepsilon_{ab}=\varepsilon_{cd}$，$l_{ab}=l_{cd}$，$\mu\neq0$。比较 u_a ________ u_c，(p_a-p_b) ________ (p_c-p_d)，(P_a-P_b) ________ (P_c-P_d)。

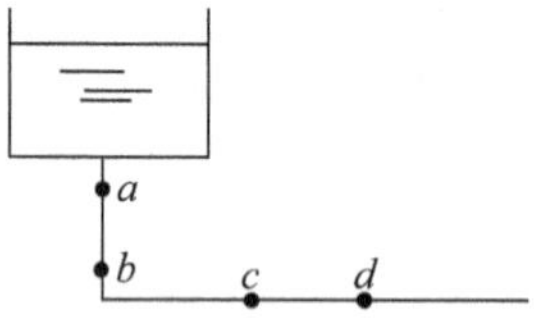

题一(9)图

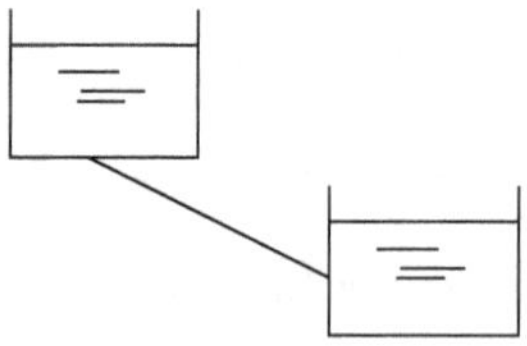

题一(10)图

10. 如图所示供水管线。管长 L，流量 q_V，今因检修管子，用若干根直径为 0.5d、管长相同于 L 的管子并联代替原管，保证输水量 q_V 不变，设 λ 为常数，ε/d 相同，局部阻力均忽略，则并联管数至少需要________根。

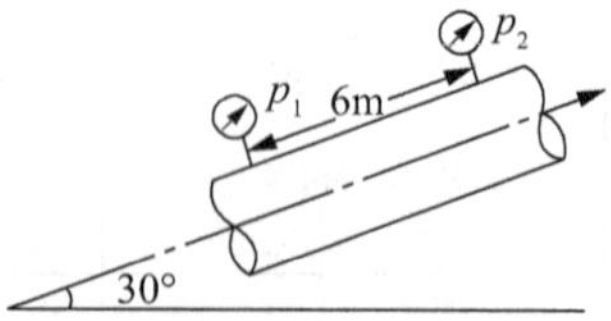

题一(11)图

11. 如图所示通水管路，当流量为 q_V 时，测得 $p_1-p_2=5$m H_2O，当流量为 $2q_V$ 时，$p_1-p_2=$________ mH_2O(设在阻力平方区)。

二、选择题

1. 倒 U 形压差计，指示剂为空气，现改指示剂为油(水的流向不变)，则 R ________。

A. 增大

B. 变小

C. 不变

D. R 不变，但倒 U 形压差计中左侧液位高于右侧

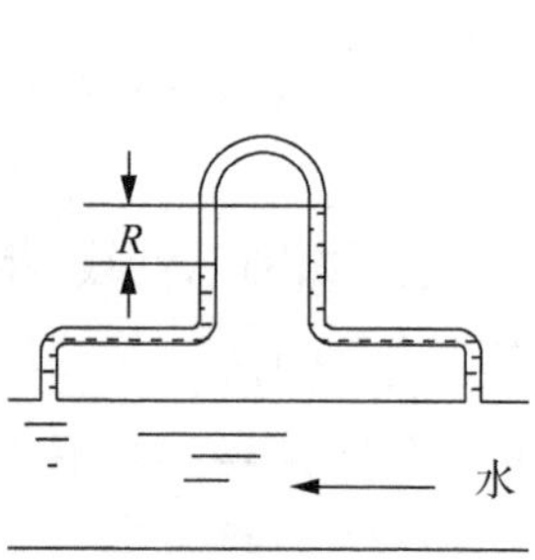

题二(1)图

2. 圆形直管内径 $d=100\text{mm}$，一般情况下输水能力为________。

A. $3\text{m}^3/\text{h}$　　B. $30\text{m}^3/\text{h}$

C. $200\text{m}^3/\text{h}$　　D. $300\text{m}^3/\text{h}$

3. 某孔板流量计，当水流量为 q_V 时，U 形压差计读数 $R=600\text{mm}$，($\rho_i=3000\text{kg/m}^3$)，若改用 $\rho_i=6000\text{kg/m}^3$ 的指示液，水流量不变，则此时读数 R 为________。

A. 150mm　　B. 120mm

C. 300mm　　D. 240mm

三、计算

1. 如图所示三个容器 A、B、C 均装有水(液面恒定)，已知：$z_1=1\text{m}$，$z_2=2\text{m}$，U 形水银压差计读数：$R=0.2\text{m}$，$H=0.1\text{m}$ 试求：

(1) 容器 A 上方压力表读数 p_1。

(2) 若 p_1(表压)加倍，则($R+H$)值为多少？

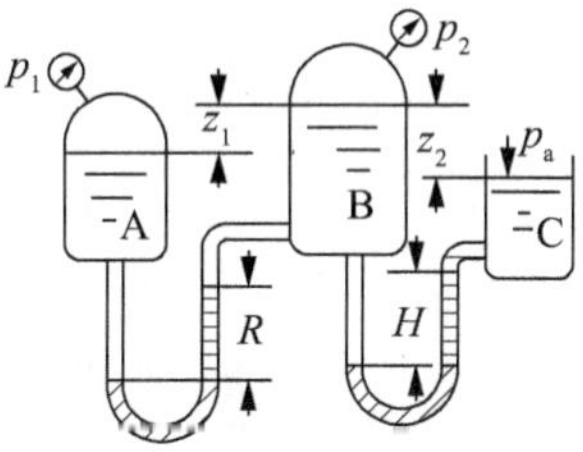

题三(1)图

2. 某输液管路如图所示，已知液体的密度为 900kg/m^3，黏度为 30mPa · s，除 AB 段外，直管总长（包括全部局部阻力的当量长度），$L=50$m，管径 $d=53$mm，复式 U 形压差计指示剂为水银，两指示剂中间流体与管内流体相同，指示剂读数 $R_1=7$cm，$R_2=14$cm。

试求：(1) 当两槽液面垂直总距离为 4m 时，管内流速为多少？

(2) 当阀关闭时，R_1，R_2读数有何变化（定性判断）？

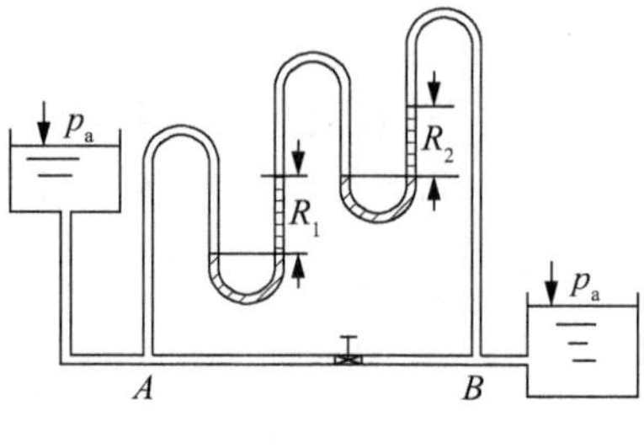

题三(2)图

3. 某敞口高位槽输送管路(见下图),在管路 OC 段的水平位置装一孔板流量计,已知孔径 $d_0=25\text{mm}$,流量系数 $C_0=0.62$。管长 $L_{OC}=45\text{m}$,$L_{CB}=15\text{m}$,$L_{CD}=15\text{m}$(均包括全部局部阻力的当量长度),管径 $d_{OC}=50\text{mm}$,$d_{CB}=40\text{mm}$,$d_{CA}=40\text{mm}$,压力容器 B 中的压强维持在 9.81kPa(表压)。

试求:(1) 阀门 D 全关时,孔板两侧的压差 Δp 为多少(单位为 Pa)?

(*2) 逐渐打开 D 阀门,直到使得 CA、CB 管段中的流速相等,此时压力表 p_D 的读数为多少?(已知液体密度为 1000kg/m^3,λ 均取 0.03)

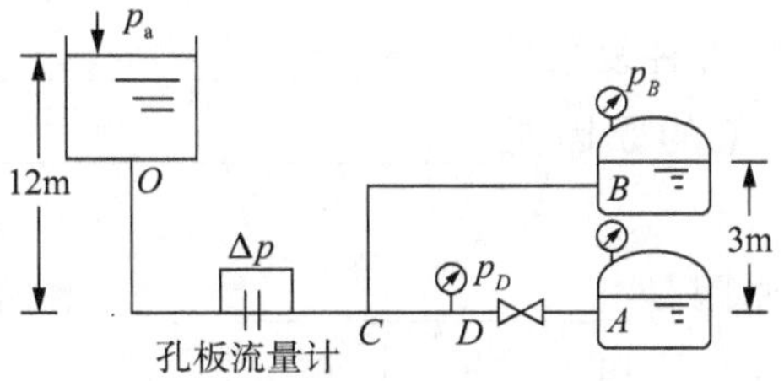

题三(3)图

练习 2 流体输送机械

一、填空题

1. 属于正位移泵型式的，除往复泵外，还有________，________等。

2. 产生离心泵气缚现象的原因是________，避免产生气缚的方法有________。

3. 造成离心泵汽蚀的原因是________，增加离心泵最大允许安装高度 $[H_g]$ 的措施有________和________。

4. 往复泵的流量调节方法有________和________。

5. 启动离心泵前，应先________和________。启动往复泵前，必须检查________是否打开。

6. 用同一离心泵分别输送密度为 ρ_1 及 $\rho_2=1.2\rho_1$ 两种液体，已知两者流量相等，则 $H_{e2}=$________ H_{e1}，$P_{e2}=$________ P_{e1}。

7. 如图所示，两图管道相同，λ 均为常数，要使 $-q_{V2}=q_{V1}$，泵的扬程需要________。

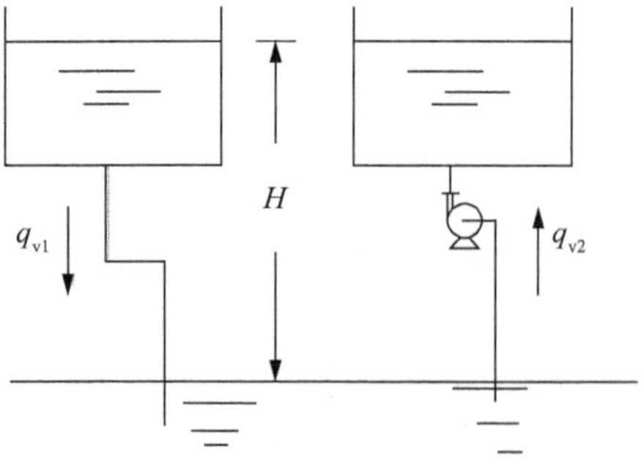

题一(7)图

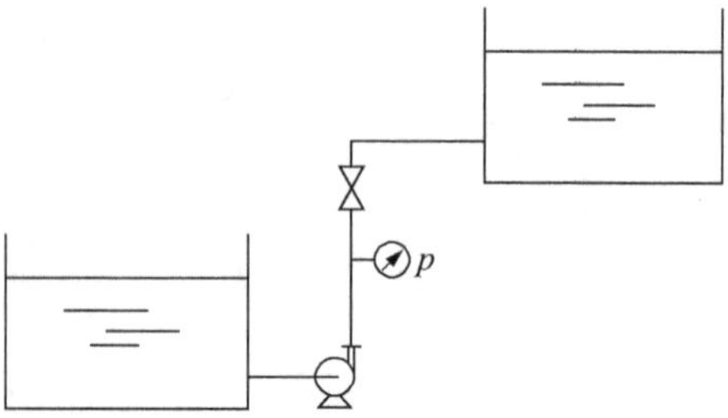

题一(9)图

8. 离心通风机输送 $\rho=1.2\text{kg/m}^3$ 空气时，流量为 $6000\text{m}^3/\text{h}$，全风压为 2.354kPa，若用来输送 $\rho'=1.4\text{kg/m}^3$ 的气体时，流量仍为 $6000\text{m}^3/\text{h}$，全风压为________ kPa。

9. 如图所示，用泵输送水时，压力表读数为 p，流量为 q_V，若保持 q_V 不变，流体的密度增大，μ 不变，则以下参数如何变化？p ________，H_e ________，P_e________。

10. 两敞口容器间用离心泵输送水，已知当转速为 n_1 时，泵流量 $q_{V1}=100\,\text{L/s}$，扬程 $H_{e1}=16\text{m}$，当转速为 n_2 时，$q_{V2}=120\,\text{L/s}$，扬程 $H_{e2}=20\text{m}$，则两容器的垂直距离为________m。

11. 如图所示，泵在输送密度为 ρ 的液体时，流量为 q_V。现保持 p_1，p_2 不变，改为输送密度为 ρ' 的液体($\rho'>\rho$)时，流量为 q_V'。试问：

(1) 当 $q_V'<q_V$ 时，p_2________ p_1；

(2) 当 $q_V'=q_V$ 时，p_2________ p_1。(<，=，>)

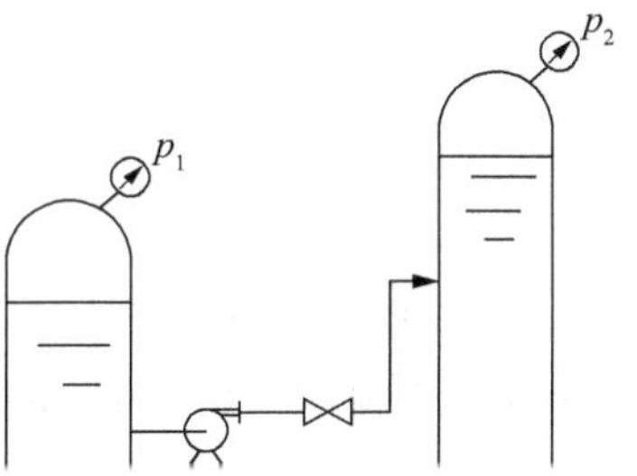

题一(11)图

12. 某台操作中的离心泵，当转速为 n 时，离心泵的工作点为 A，A 点的 $H_e=30\text{m}$，$q_V=2\text{m}^3/\text{min}$。今将转速减慢为 $n'=0.9n$ 时，泵的工作点为 B，若 A 与 B 等效，则 B 点压头 $He'=$________ m。

二、选择

1. 如图所示离心泵输水管路，若水槽液面上升 0.5m，则________。

A. q_V 增加，H 减小

B. q_V 减小，H 增加

C. q_V、H 都不变，p_1 和 p_2 绝对压增加

D. q_V、H 都不变，p_1 和 p_2 绝对压减小

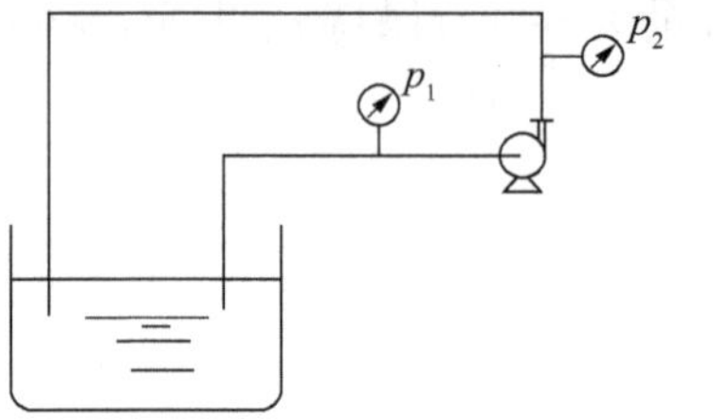

题二(1)图

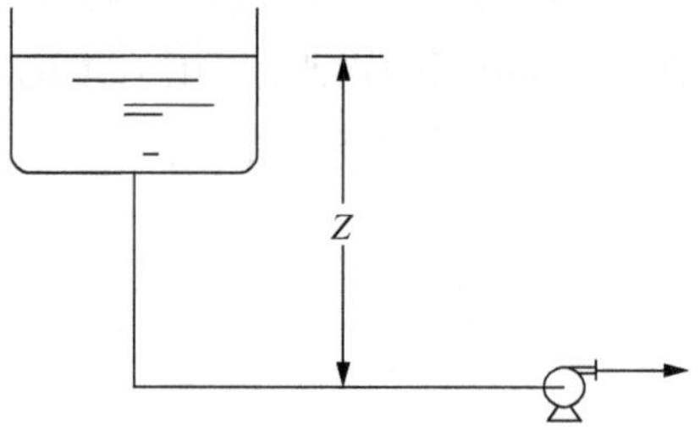

题二(2)图

2. 在常压下，已知泵$(NPSH)_r=4.5$m，吸入管线阻力为 2mH_2O。则 100℃水槽面距泵入口垂直距离 Z 至少应为________。

A. 10m　　B. 7m

C. 4m　　D. 只需 $Z>0$ 即可

3. 已知泵的特性方程 $H_e=20-2q_V^2$，管路特性方程 $H=10+8q_V^2$，式中流量单位为 m^3/min。现要求两台相同型号的泵组合操作后使流量为 1.6m^3/min，下列结论中正确的是________。

A. 串联　　B. 并联

C. 串、并联均可　　D. 无法满足要求

三、在图示循环管路中，已知管长 $L_1=L_2=20\text{m}$，$L_3=30\text{m}$，冷却器及其他管件 $L_e=0$，管径 $d=30\text{mm}$，$\lambda=0.03$，循环量 $q_V=1.413\text{L/s}$，$\rho=900\text{kg/m}^3$，冷却器液面至泵吸入口垂直距离为 2m，试求：

(1) 泵的扬程 H_e。

(2) 为保证泵的吸入口不出现负压，冷却器液面上方压强 p_0 至少为多少？（表压）

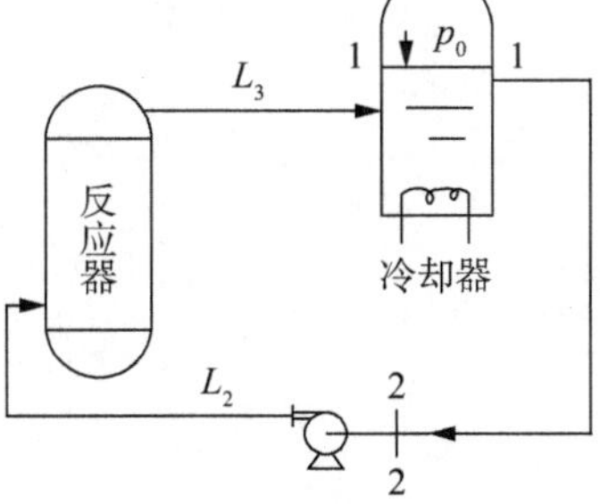

题三图

四、如图所示，两塔均敞口，已知 d 均为 40mm，$\lambda=0.02$，吸入管 $L_1=10$m，压出管 $L_2=70$m（均包括局部阻力），泵 $H_e=22-7.2\times10^5 q_V^2$。（式中 H_e的单位为 m，q_V的单位为 m^3/s。）

试求：(1) B 阀全关时泵的流量；

(*2) B 阀全开 $L_3=70$m 时，泵的流量（忽略泵出口至 0 点的管长）。

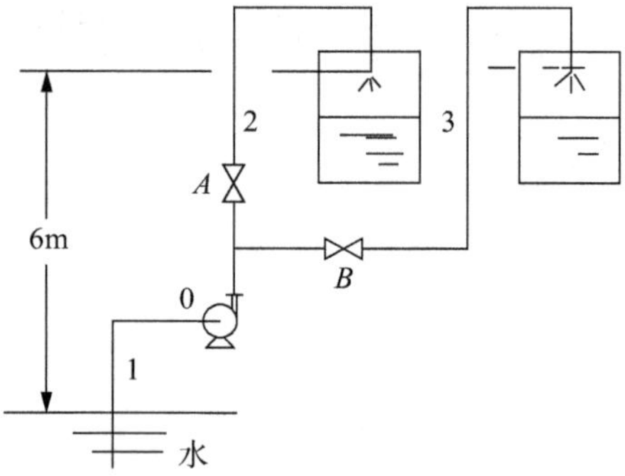

题四图

五、欲用离心泵将池中的水输送至 10m 高处的水塔。输送量 $q_V=0.21\text{m}^3/\text{min}$，管路总长 $L=50\text{m}$（包括局部阻力的当量长度），管径均为 40mm，$\lambda=0.02$。试问：

（1）若所选用的是离心泵特性方程：$H_e=40-222q_V^2$（H_e 的单位为 m，q_V 的单位为 m^3/min），为什么该泵是适用的？

（2）管路情况不变时，此泵正常运转后，实际管路流量为多少（单位为 m^3/min）？

（3）为使流量满足设计要求，需用出口阀进行调节，则消耗在该阀门上的阻力损失增加了多少？（单位为 J/kg）

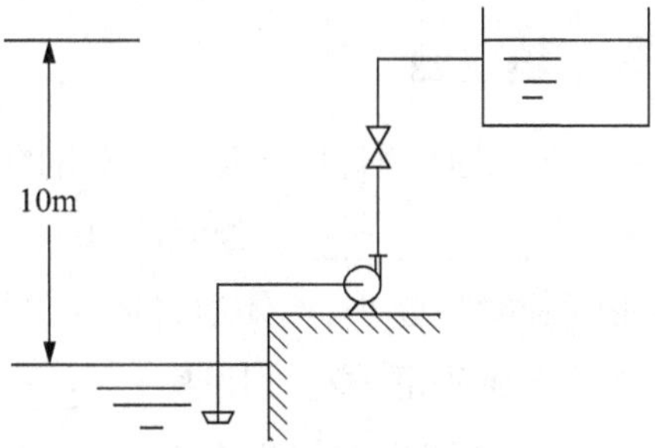

题五图

练习3　流体通过颗粒层的流动，颗粒的沉降和流态化

一、填空题

1. 流体通过固定床，颗粒群的平均直径是以________为基准的，理由是________________________________。若流体以一定的流速通过一大小均匀且规则装填的球形颗粒固定床，球形颗粒直径越小，流体通过床层的压降越________________，原因是______________________。工业上康采尼方程常用来______________________。

2. 叶滤机中如滤饼不可压缩，当过滤压差增加一倍时，过滤速率是原来的________倍。黏度增加一倍时，过滤速率是原来的________倍。

3. 对真空回转过滤机，转速越大，则每转一周所得的滤液量就越________，该过滤机的生产能力则越________。

4. 某叶滤机恒压操作，过滤终了时$V=0.5m^3$，$\tau=1h$，$V_e=0$，滤液黏度是水的4倍。现在同一压强下再用清水洗涤，$V_w=0.1m^3$，则洗涤时间为________。

5. 在流化床操作中，流体在床层中的真实速度为u_1，颗粒沉降速度为u_t，流体通过床层的表观速度为u，三者数值的大小关系为________。

6. 离心分离因素α的物理意义是________，评价旋风分离器主要的性能指标为________和________。

7. 流体通过流化床的压降随气体流量增加而________。流化床的主要优点是________，其主要不正常现象有________和________。流化床实际流化现象分________和________。

8. 拟估计20℃，1.0MPa(绝)的CO通过固定床脱硫器的压降，先用20℃，101.3kPa(绝)的空气进行实测。当空气的空塔气速为0.4m/s时，测得床层压降为470Pa/m；空塔气速为0.9m/s，测得床层压降为2300Pa/m。现测得CO的空塔气速为0.5m/s，则床层压降为________Pa/m。(已知：在20℃时，1.0MPa(绝)的CO　$\mu=2.4\times10^{-5}$ Pa·s，$\rho=11.4kg/m^3$。)

二、作图题

过滤某固体悬浮液，压差恒定。20℃下测得如下数据，通过作图求过滤常数 K 和 q_e。

过滤时间 τ/s	单位面积过滤量 q/(m^3/m^2)
6.8	0.0125
19	0.025
34.5	0.0375
53.4	0.05
75.8	0.0625

三、计算题

1. 拟用板框压滤机恒压过滤含 8%(质量分数)的 $CaCO_3$ 水悬浮液 $2m^3$，每立方米滤饼中含固体 1000kg，$CaCO_3$ 的密度为 $2800kg/m^3$，过滤常数 $K=0.162m^2/h$，过滤时间 $\tau=30min$，试求：

(1) 滤液体积(单位为 m^3)。

(2) 现有 560mm×560mm×50mm 规格的板框压滤机，需要多少只滤框？(过滤介质阻力不计)

2. 某悬浮液用板框过滤机过滤，该板框过滤机有滤框 28 个，尺寸为 635mm×635mm×25mm，操作表压恒定为 98.1kPa，在该条件下 $K=1\times10^{-5}\ m^2/s$，$q_e=0.02m^3/m^2$。已知滤饼与滤液的体积比为 0.075，试求：

(1) 滤饼充满滤框需要多少时间？

(2) 若将操作表压提高一倍。其他条件不变($s=0.5$)，则充满同样滤框所需时间为多少？

(3) 若将框厚增加一倍，其他操作条件同(2)，则过滤同样时间可获得滤液多少？

3. 一降尘室每层底面积为 $10m^2$，内设 9 层隔板，现用此降尘室净化质量流量为 1200kg/h，温度为 20℃的常压含尘空气，尘粒密度为 $2500kg/m^3$。试求：

（1）可 100％除去的最小颗粒直径为多少？可 50％除去的最小颗粒直径为多少？直径为 $5\mu m$ 的尘粒可除去的百分率为多少？（设尘粒在空气中均匀分布）。

（2）如将含尘空气预热至 150℃，再进入降尘室，则可 100％除去的最小颗粒直径为多少？为保证 100％除去的最小颗粒直径不变，空气的质量流量为多少？

（3）定性分析降尘室气体处理能力发生变化的原因。

（已知 150℃下空气的密度为 $0.835kg/m^3$，黏度为 $2.41\times10^{-5}Pa\cdot s$。）

4. 现用一直径为 1.75m，长为 0.9m 的回转真空过滤机过滤密度为 1116kg/m^3 的某悬浮液，转筒转速为 1r/min，浸没度为 1/3。测得过滤常数 $K=5.15\times10^{-6}\text{m}^2/\text{s}$，每送出 1m^3 滤液所得的滤饼中含固相 594kg，固相密度为 1500kg/m^3，液相为水。假定滤布阻力可以忽略，滤饼不可压缩，试求：

(1) 过滤机每转一周所得的滤液量及过滤机的生产能力 Q。

(2) 转筒表面的滤饼厚度 L。

(3) 若转速为 0.5r/min，而其他操作条件不变，Q 与 L 将如何变化？

练习4 传热

一、填空题

1. 在沿球壁的一维定态传热过程中，热流量 Q 沿半径增大方向________，热流密度 q 沿该方向__________。（增大，减少，不变）

2. 在一维定态传热过程中，两层的热阻分别为 R_1 和 R_2，推动力分别为 Δt_1 和 Δt_2，若 $R_1 < R_2$，则推动力 Δt_1________ Δt_2，$\left(\frac{\Delta t}{R}\right)_1$ ________ $\left(\frac{\Delta t}{R}\right)_2$ ________ $\frac{\Delta t_1+\Delta t_2}{R_1+R_2}$。（$>$，$=$，$<$）

3. 为给某管道保温，现需将两种导热系数分别为 λ_1 和 λ_2 的材料包于管外，已知 $\lambda_1>\lambda_2$，$\delta_1=\delta_2$，则应该将导热系数为__________的材料包于内层，更有利于保温。

4. 对流对传热的贡献是____。

5. 对流给热时，$\alpha \propto \Delta t^a$，$q \propto \Delta t^b$（$\Delta t = t - t_w$），当流体在圆形直管内强制高度湍流时，$a=$________，$b=$________；当蒸汽在管外冷凝（层流）时 $a=$________，$b=$________；大容积饱和核状沸腾时，$a=$________，$b=$________。

6. 水在列管换热器的管程内流动，其 $Re>10^4$，当流量增加一倍，管径不变，则 α 为原来的________倍；将管径减小一半，流量不变，则 α 为原来的________倍；若流量、管径不变，而将管程数增加一倍，则 α 为原来的________倍（忽略物性变化）。

7. 用饱和水蒸气在套管换热器内加热冷空气，此时，管壁温度接近于________的温度。工业上使用饱和蒸汽作为加热介质的原因有：一是____________________________________，二是____________________________________。

8. 蒸汽冷凝分________状冷凝和________状冷凝，工业设计时按________状冷凝考虑；大容积饱和沸腾分________状沸腾和________状沸腾，操作应控制在________状沸腾下进行。

9. 某无相变逆流传热过程，已知 $T_1=60℃$，$t_2=30℃$，$(q_m c_p)_2/(q_m c_p)_1=1$，则 Δt_m $=$________。

10. 用饱和蒸汽加热冷流体(冷流体无相变),若保持加热蒸汽压降和冷流体 t_1 不变,而增加冷流体流量 q_{m2},则 t_2 ________,Q ________,K ________,Δt_m ________。(上升,不变,下降,不确定)

11. 冷热流体在换热器内无相变逆流传热,换热器用久后形成垢层,在同样的操作条件下,与无垢层时相比,结垢后换热器的 K ________,Δt_m ________,t_2 ________,Q ________。(上升,不变,下降,不确定)

12. 冷热流体的进出口温度 t_1,t_2,T_1,T_2 相等时,$\Delta t_{m并}$ ________ $\Delta t_{m复杂}$ ________ $\Delta t_{m逆}$ (>,=,<)。

13. 热辐射中,灰体是一种________物体,黑体也是一种特殊的灰体。温度相等时,黑体与灰体的辐射能力________(相同,黑体大于灰体,灰体大于黑体)。对太阳能的辐射,实际物体能否看作灰体? ________(能,不能)

14. 基尔霍夫定律的表达式为 $\varepsilon = a$,该式从理论上证明________________。

二、作图题

1. 某换热器原工况操作线如图所示,试将新工况操作线定性画在原图中,并证明之。

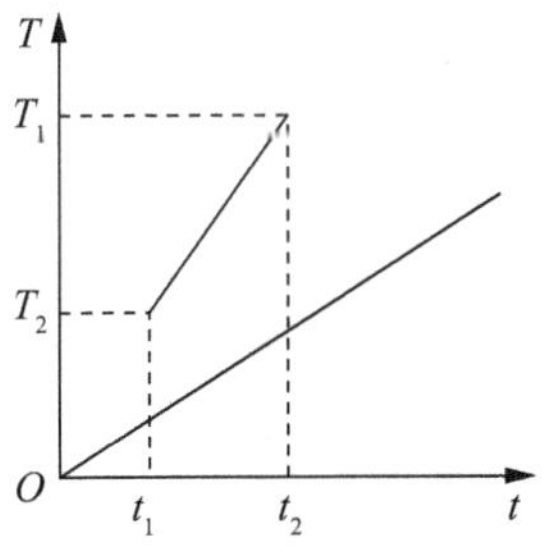

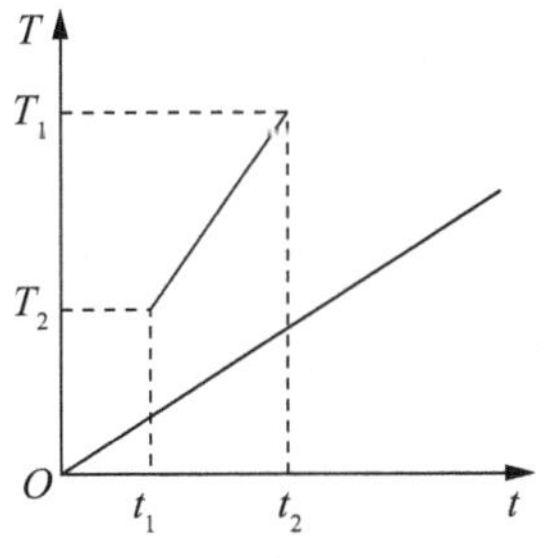

题二(1)图

2. 试定性在同一图中绘出两个换热器的操作线。

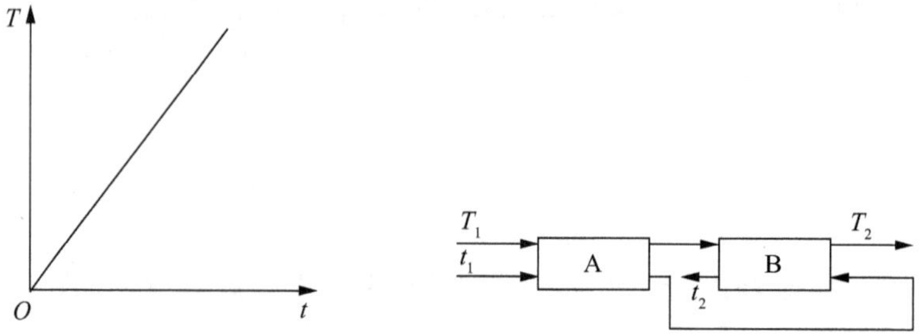

题二(2)图

三、计算题

1. 进入某间壁式换热器的冷、热流体温度为 $t_1=50℃$，$T_1=200℃$，已知换热器的总热阻 $1/KA=0$，试求下列条件下冷流体的出口温度。

(1) 并流操作 $(q_mc_p)_2/(q_mc_p)_1=2$。

(2) 逆流操作 $(q_mc_p)_2/(q_mc_p)_1=2$。

(3) 逆流操作 $(q_mc_p)_2/(q_mc_p)_1=0.5$。

2. 有一单程列管式换热器，其管束由 269 根 $L=3\text{m}$，$d=25\text{mm}$ 的管子组成。现欲用此换热器将流量为 8000kg/h 的常压空气从 10℃加热至 110℃，已知在定性温度下，空气的 $c_p=1.01\text{kJ/(kg}\cdot℃)$，$\mu=2.01\times10^{-2}\text{mPa}\cdot\text{s}$，$\lambda=2.87\times10^{-2}\text{W/(m}\cdot℃)$，试问，若壳程通入 120℃饱和蒸汽，此换热器是否适用？（蒸汽管壁及垢层热阻可忽略不计）。

3. 某台传热面积为 $25m^2$ 的单程列管式换热器，在管程内水逆流冷却热油，原工况下，水的流量为 2kg/s，比热容为 4.18kJ/(kg・℃)，进、出口温度分别为 20℃和 40℃，热油的进、出口温度分别为 50℃和 100℃，热油的给热系数 $\alpha = 500W/(m^2 \cdot ℃)$。现将冷水的流量降为 1.2kg/s，同时因管子渗漏而堵塞该部分管子，使管子根数为原来的 0.8 倍，已知冷水的管内的 $Re > 10^4$，物性的变化、管壁及垢层热阻可忽略，试求新工况下，冷、热流体的出口温度。(冷、热流体的进口温度及热流体的流量不变)。

4. 现有两个完全相同的列管式换热器，内有180根 $\phi 19\text{mm}\times 1.5\text{mm}$ 的管子，每根长3m，管内流有流量为2000kg/h的冷流体，进口温度为30℃，与热流体单程换热，已知 $(q_m c_p)_2/(q_m c_p)_1=0.5$；冷流体 $c_p=1.05\text{kJ/(kg}\cdot\text{℃)}$，$\mu=2\times 10^{-2}\text{mPa}\cdot\text{s}$，$\lambda=0.0289\text{W/(m}\cdot\text{℃)}$，热流体的进口温度 $T_1=150$℃，热流体、管壁及垢层热阻可忽略，现按下图方式进行操作，求热流体的出口温度 T。

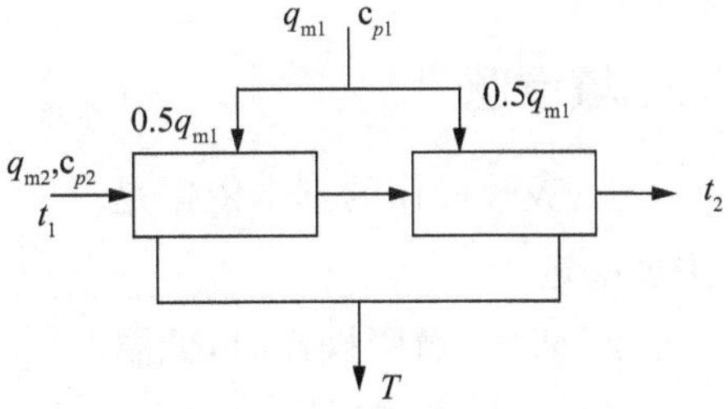

题三(4)图

练习 5　气体吸收

一、填空题

1. 吸收操作的基本依据是________________________________，吸收过程的经济性主要决定于________________________。

2. 吸收、解吸操作时，低温对________有利；高温对________有利；高压对________有利；低压对________有利。

3. 亨利定律有种表达方式，在总压 $p<5\text{atm}$ 下，若 p 增大，则 m ________，E ________，H ________；若温度 t 下降，则 m ________，E ________，H ________。（增大，减少，不变，不确定）

4. 漂流因子的数值为 1，表示____。已知分子扩散时，通过某一考察面 PQ 有四股物流：N_A、J_A、N 和 N_m。试用>，=，<表示。

等分子反向扩散时：J_A________N_A________N ________N_m________0；

A 组分单向扩散时：N_m________N ________N_A________J_A________0。

5. 若 $1/K_y = 1/k_y + m/k_x$，当气膜控制时，$K_y \approx$________；当液膜控制时，$K_y \approx$________。

6. $N_{OG}=(y_1-y_2)/\Delta y_m$ 的适用条件是____________________________；用数值积分法求 N_{OG} 时的平衡关系是____________________。

7. 最小液气比 $(L/G)_{\min}$ 对______________（设计型，操作型）是有意义的。如实际操作时 $(L/G)<(L/G)_{\min}$，则产生的结果是________________。

8. 设计时，用纯水逆流吸收有害气体，平衡关系为 $y=2x$，入塔 $y_1=0.1$，液气比 $(L/G)=3$，则出塔气体浓度最低可降至____________，若采用 $(L/G)=1.5$，则出塔气体浓度最低可降至______________。

9. 用纯溶剂逆流吸收，已知 $L/G=m$，回收率为 0.9，则传质单元数 $N_{OG}=$____________。

10. 操作中逆流吸收塔，$x_2=0$，今入塔 y_1 上升，而其他入塔条件均不变，则出塔 y_2 ________，回收率 η______________。（变大，变小，不变，不确定）

11. 塔内返混对吸收操作的影响是________________________。

二、作图题

以下各小题 $y-x$ 图中所示为原工况下的平衡线与操作线，试画出操作条件改变后的新平衡线与操作线。

(1) 吸收剂用量增大。

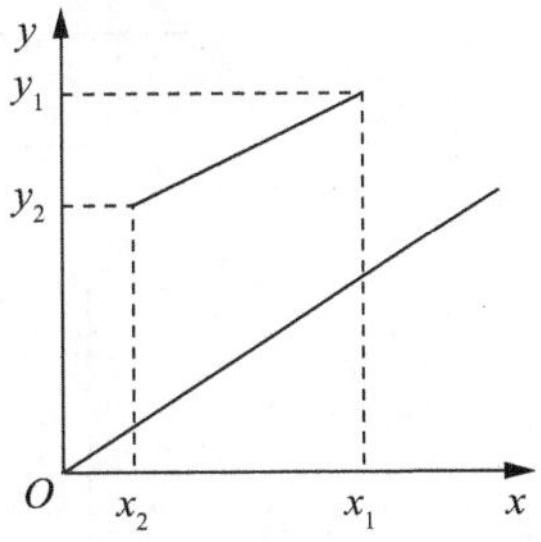

(2) 操作温度升高。

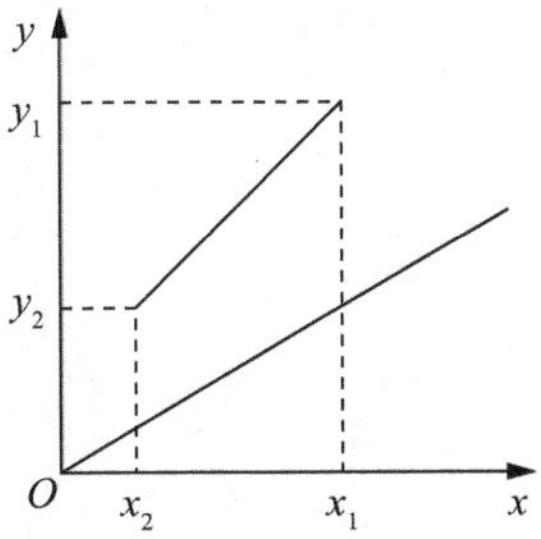

(3) 吸收剂入口浓度降低。

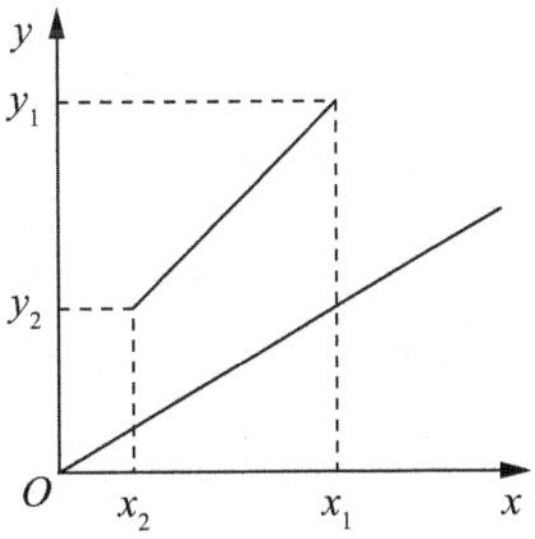

三、用清水逆流吸收除去混合物中的有害气体，已知入塔气体组成，$y_1=0.1$，$\eta=90\%$，平衡关系为 $y=0.4x$，液相传质单元高度 $H_{OL}=1.2\text{m}$，操作液气比为最小液气比的 1.2 倍。

试求：(1) 塔高。

(2) 若塔高不受限制，L/G 仍为原值，则 η_{max} 为多少？

四、解吸塔高 6m，$L=200$kmol/h，$x_1=0.08$(摩尔分数，下同)，用 $y_2=0$，$G=350$kmol/h 的惰性气体解吸时，得 $y_1=0.036$，且知平衡关系为 $y=0.5x$，

试求：(1) 该塔的气相传质单元高度 H_{OG}。

(2) 当操作中 G 增加到 400kmol/h 时，则 x_2 为多少？(设 L，y_2，x_1 不变，G 增加时 H_{OG} 基本不变)

(3) 在 $y-x$ 图上画出 G 变化前后的操作线。

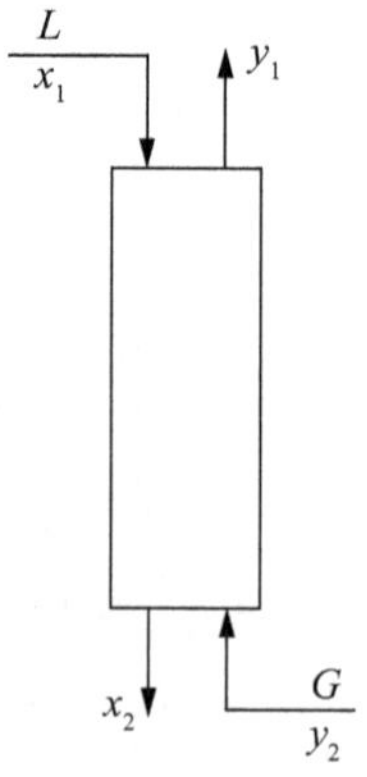

五、某逆流吸收塔，用含溶质为 $x_2=0.0002$ 的溶剂吸收。已知混合气体入塔浓度 $y_1=0.01$（摩尔分数，下同），要求回收率 $\eta=0.9$，平衡关系为 $y=2x$，且知 $L/G=1.2(L/G)_{\min}$，$H_{OG}=0.9\text{m}$。

试求：(1) 塔的填料层高度。

(2) 若该塔操作时，因解吸不良导致入塔 $x_2'=0.0005$，其他入塔条件不变，则回收率 η' 为多少？

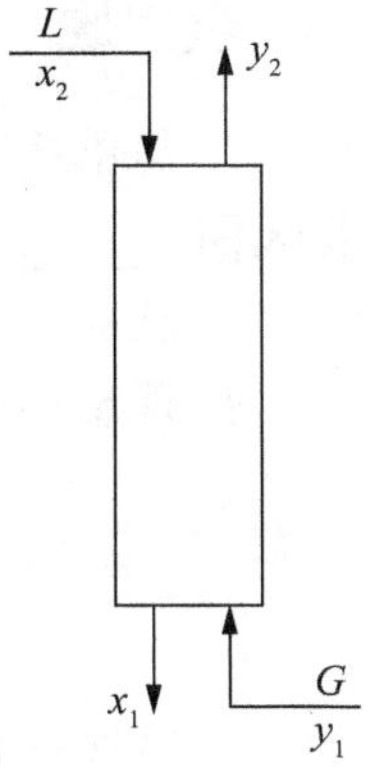

练习 6　液体精馏

一、填空题

1. 简单蒸馏与平衡蒸馏的主要区别是____________________，简单蒸馏与间歇蒸馏的主要区别是____。

2. 已知 $q=1.1$，则加料中液体量与总加料量的比是__________。

3. 理想物系的 $\alpha=2$，在全回流下操作。已知某理论板上 $y_n=0.5$，则 $y_{n+1}=$_________。

4. 试比较直接蒸汽加热与间接蒸汽加热。(＞，＝，＜)

① $x_F, x_D, R, q, D/F$ 相同，则 $N_{T间}$_________$N_{T直}$，$x_{w间}$_________$x_{w直}$；

② x_F, x_D, R, q, x_w 相同，则 $N_{T间}$_________$N_{T直}$，$(D/F)_{间}$_________$(D/F)_{直}$。

5. 某 A、B 混合物汽、液关系如图所示。

(1) 比较 T_1_________T_2，T_3_________T_4。

(2) 用精馏方法将 A、B 分离，R 充分大，采出率有利于分离。$N_T=\infty$，当 $x_F=0.4$ 时，塔顶产品是________，塔底产品是________。

当 $x_F=0.8$ 时，塔顶产品是________，塔底产品是________。(A，B，AB)

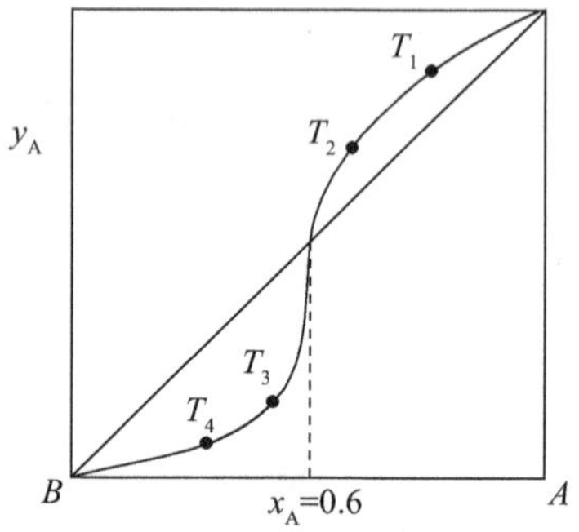

题一(5)图

6. 操作中，若 $\overline{V}$ 下降，而回流量和进料状态(F, x_F, q)仍保持不变，则 R __________，x_D ___________，x_w ___________，$\overline{L}/\overline{V}$ __________。

7. 芬斯克方程的应用条件是____。

若 $x_w=0.01$，已知当 $x_{D1}=0.9$ 时为 $N_{T,min1}$，当 $x_{D2}=0.99$ 时为 $N_{T,min2}$，则 $N_{T,min2}$ 与 $N_{T,min1}$ 的比值为________________。

8. 操作中精馏塔若采用 $R<R_m$，其他条件不变，则 x_D________，x_w____________。

9. 操作时，若 F，D，x_F，q，加料板位置，R 不变，而使操作的总压减小，则 x_D________，x_w________________。

10. V 汽中含有 A，B，C，其中含 A　30%（摩尔分数），上层供回流，下层作产品，两层组成如下：上层：A　45%；B　10%；C　45%；下层：A　3%；B　90%；C　7%。

则：(1) 回流比＝____________；

(2) V 汽中 B 含量＝________%。

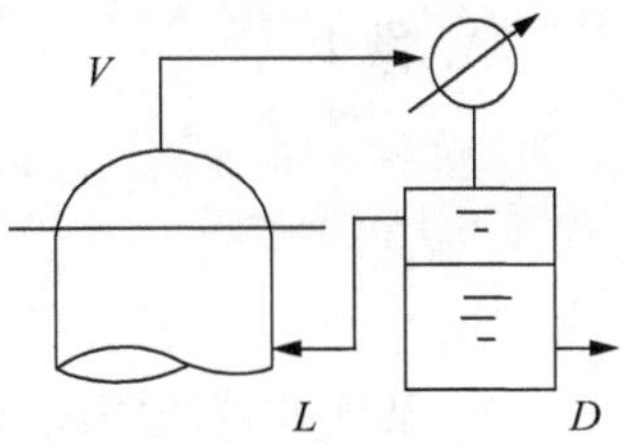

题一(10)图

二、选择题

1. A、B 两组分液体混合物，用蒸馏方法加以分离，原因是________。

A. A 沸点低于 B 沸点

B. A 的挥发度大于 B 的挥发度

C. A 的相对分子质量小于 B 的相对分子质量

2. 如 x_F 相同，且平衡蒸馏所得液相组成 x 与简单蒸馏的终了液相组成 x 相同，则________。

A. 简单精馏所得气相 $\bar{y}$ 必大于平衡蒸馏的 y

B. 简单精馏所得气相 $\bar{y}$ 必小于平衡蒸馏的 y

C. 简单精馏所得气相 $\bar{y}$ 必等于平衡蒸馏的 y

3. 恒摩尔流假定主要前提是________。

A. 分子汽化潜热相近

B. 质量汽化潜热相近

C. 它只适用于理想物系

4. 若过热蒸汽状态进料，q 线方程斜率________。

A. 小于 0　　B. 大于 0　　C. 等于 0

5. 操作中的某连续精馏塔，若其他条件不变，仅将加料板从最佳位置上移两块，则________。

A. x_D减小，x_W减小

B. x_D增加，x_w增加

C. x_D增加，x_W减小

D. x_D减小，x_w增加

6. 应用图解法求理论板数时 N_T与下列参数中________无关。

A. F　　B. x_F　　C. q　　D. R

7. 设计时若 F,x_F,x_D,x_W,$\overline{V}$ 均一定,若将进料从 $q=1$ 变为冷液进料,则 N_T________。

A. 减少　　　　B. 增加　　　　C. 相等

8. 某连续精馏塔设计时,回流比 R 一定,如将原来泡点回流改为冷液回流,其他设计条件不变,则所需理论板数会________。

A. 减少　　　　B. 增加　　　　C. 相等

9. 精馏塔操作中精馏段灵敏板 t 上升,意味着 x_D________。

A. 下降　　　　B. 上升　　　　C. 不变

10. 在精馏塔操作中,如增加塔顶的采出率,则 x_D________,x_W________。

A. 减小　　　　B. 增大

C. 不变　　　　D. 不确定

三、用精馏分离某水溶液,水为难挥发组分,进料 $F=1\text{kmol/s}$,$x_F=0.2$(摩尔分数,下同),以饱和液体状态加入塔中部,塔顶采出量 $D=0.3\text{kmol/s}$,$x_D=0.6$,$R=1.2R_{\min}$,系统 $\alpha=3$,塔釜用饱和水蒸气直接通入加热。

试求:(1) 回流比。(2) 蒸汽通入量。(3) 提馏段操作线。(4) 设计时,若 $N_T=\infty$,为达到题给的 x_D,D,塔釜 x_w的最大值为多少?

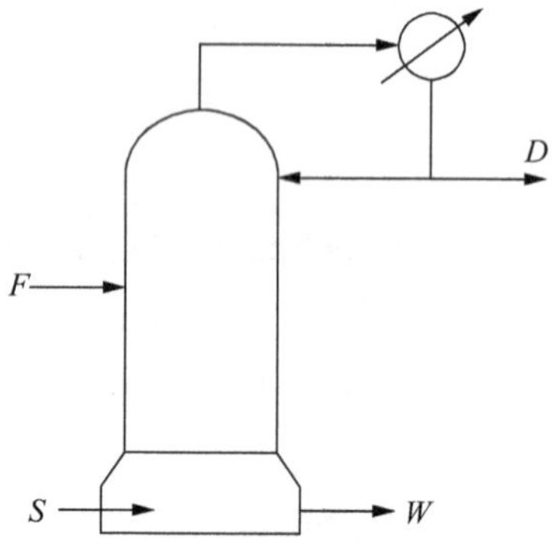

题三图

四、某精馏塔用于分离苯—甲苯混合液，进料量 $F=30\text{kmol/h}$，其中苯的摩尔分数 $x_F=0.5$。进料为汽液混合物，汽液比为 2∶3，要求塔顶、塔底产品中苯的摩尔分数分别为 $x_D=0.95$，$x_W=0.10$，采用回流比为最小回流比的 1.5 倍，操作条件下可取系统的平均相对挥发度 $\alpha=2.45$。

试求：(1) 塔顶、塔底的产品量。

(2) 最小回流比 R_{min}。

(3) 精馏段和提馏段操作线方程。

(4) 若塔顶设全凝器，各塔板可视为理论板，求离开第二块板（自塔顶向下数）蒸汽和液体的组成。

练习7 气液传质设备，液液萃取，其他传质分离方法

一、填空题

1. 为改进液体在填料塔内流动的不均匀性，通常可采取的措施是：__________，__________。

2. 填料塔的等板高度（$HETP$）是指__________。

3. 塔板上液体流量越大，则板上的液面落差越______，堰上的液层高度越______，液体在降液管中的停留时间越______。

4. 列举两种常用的乱堆填料的名称__________，__________。

5. 填料的______和______是评价填料性能的两个重要指标。

6. 板式塔内，气相通量的上限受________，________限制，液相通量的上限受________限制。

7. 填料塔内，气相通量的上限受________限制。

8. 萃取中分配系数的定义是 $k_A=$______。$k_A=1$ 的物系可否进行萃取分离操作？______。

9. 从技术上说，萃取剂选择的基本条件是______，________。

10. 萃取设备与气液传质设备有较大区别，其主要原因是______和______。

11. 液液萃取的依据是__________。

12. 液液萃取中，如果物系的界面张力小，则液滴分散较______，两相沉降分离较______。

13. 塔板上气液两相的接触状态按气速的高低可分为______，______，______三种状态。

14. 试写出三种工业萃取设备的名称______，________，______。

15. 气液传质的塔板上，液面落差过大将造成________和________。

16. 结晶的基本方法有________，______，______，______。

17. 溶液结晶操作的基本原理是__________。

18. 造成溶液结晶过饱和度的方法有__________，________。

19. 溶液结晶要经历________和__________两个阶段。

20. 吸附分离的基本原理是__________。

21. 常用的吸附解吸循环操作有______，______，______，______。

22. 分子筛的特点是__________。

23. 常用的吸附剂有______，________，______，________等。

24. 透过曲线是指________________________________。

25. 膜分离的基本原理是____。

26. 电渗析的过程推动力是__________；反渗透的过程推动力是________________。

27. 阳膜的活性基团在溶液中电离后，固定性基团带________电；阴膜的活性基团在溶液中电离后，固定性基团带________电。

二、选择题

1. 反渗透的过程推动力是________。

A. 电位差　　B. 压力差　　C. 浓度差　　D. 温度差

2. 进行萃取操作时应使________。

A. 分配系数大于 1　　B. 分配系数小于 1

C. 选择性系数大于 1　　D. 选择性系数小于 1

3. 在单级萃取中，B—S 部分互溶，用纯溶剂萃取。已知萃取相浓度$\frac{y_A}{y_B}=\frac{5}{3}$，萃余相浓度$\frac{x_A}{x_B}=\frac{1}{5}$，选择性系数$\beta=$________。

A. 3　　B. 0.33　　C. 8.33　　D. 1.67

4. ________是指床层中吸附相浓度沿流体流动方向的变化曲线。

A. 流体相的浓度波　　B. 透过曲线

C. 操作线　　D. 负荷曲线

三、用纯溶剂对含溶质 0.2(质量分数)的原料作单级萃取，溶剂比 $S/F=0.5$，求：

(1) 每千克加料可得的萃取相量。

(2) 该萃取级的分配系数。

(3) 该萃取级的选择性系数。

(注明符号，并用线段比例表示)

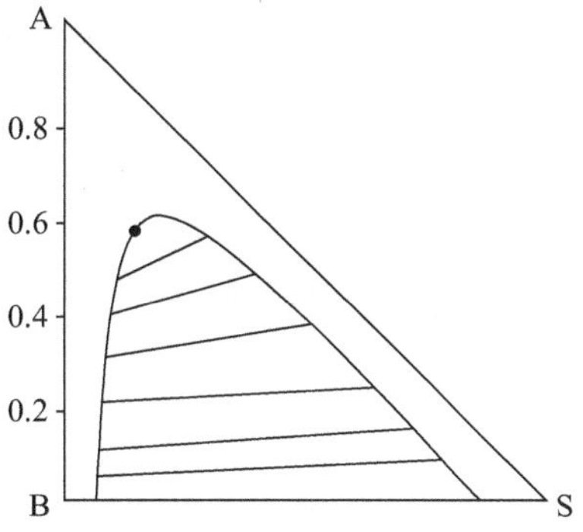

题三图

*四、用纯溶剂对 AB 混合液作逆流萃取，溶剂 S 与稀释剂 B 完全不互溶。原料液中含 A 20%（质量分数），要求最终萃余相的溶质浓度不高于 0.02kgA/kgB。A 在平衡两相中的分配 $\frac{Y_A}{X_A}=2$，溶剂用量为最少用量的 1.5 倍。求：

（1）实际溶剂比 S/B；

（2）求离开第一理论级的萃余相组成 x_1。

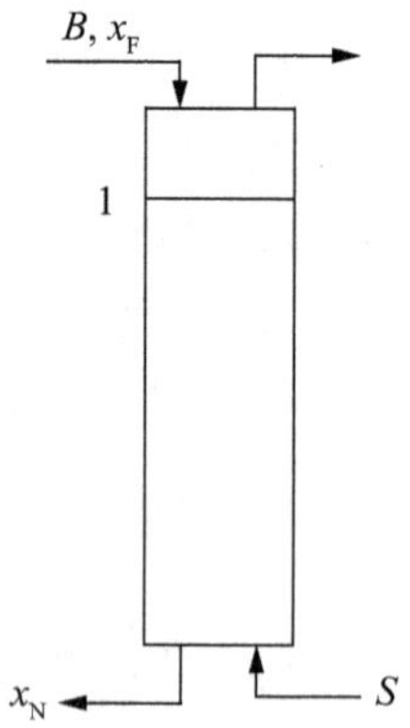

题四图

五、图示某萃取物系的互溶曲线：原料组成为 $x_F=0.4$（质量分数，下同），用纯溶剂萃取，经单级萃取后所得的萃余相中含溶质 A 的浓度 $x_A=0.2$，$\beta=4.0$，求：

(1) 溶剂比 S/F。

(2) 该级的分配系数 k_A。

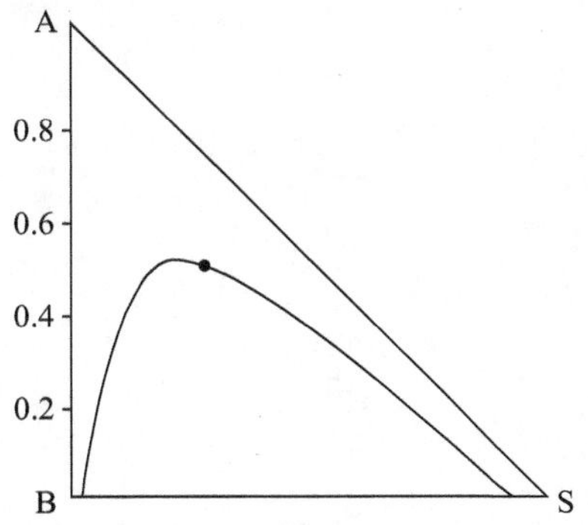

题五图

六、用纯溶剂对 AB 混合液作单级萃取，$x_F = 0.5$（质量分数），求：萃取液可能达到的最大浓度及此时的溶剂比。

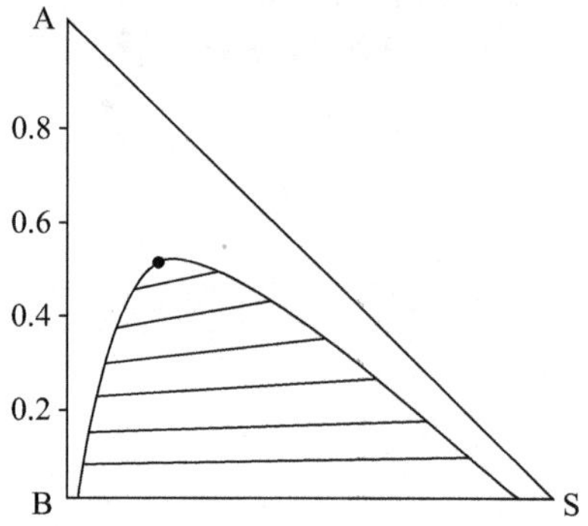

题六图

练习 8　热、质同时传递的过程，固体干燥

一、填空题

1. 恒定的干燥条件是指空气的________，________，________以及________都不变。

2. 测定空气的水汽分压的实验方法是测量__________。

3. 在实际的干燥操作中，常用________________来测量空气的湿度。

4. 在 100kPa 下，不饱和湿空气的温度为 295K，相对湿度为 60%，当加热到 373K 时，该空气的下列状态参数将如何变化？湿度 H ________，相对湿度 φ ________，湿球温度 t_w ________，露点 t_d________，焓 I ________。(升高，降低，不变，不确定)

5. 在 40℃下，不饱和湿空气的相对湿度为 60%，当总压由 100kPa 减至 50kPa 时，该空气的下列状态参数将如何变化？湿度 H ________，相对湿度 φ ________，湿球温度 t_w ________，露点 t_d________，焓 I ________。(升高，降低，不变，不确定)

6. 喷雾干燥器由于__________，适用于__________的干燥。

7. 气流干燥管中最有效的部分是____________。

8. 流化床干燥器适宜于处理________物料，流化床干燥器的适宜气体速度在________速度与________之间。

二、选择题

1. (1) 同一物料，如空气的水汽分压越低，气速、温度不变，则临界含水量(　　)，平衡含水量(　　)。

A. 越低　　　　B. 越高

C. 不变　　　　D. 不确定

(2) 同一物料，如空气的温度越高，气速，湿度不变，则临界含水量(　　)，平衡含水量(　　)。

A. 越低　　　　B. 越高

C. 不变　　　　D. 不确定

(3) 同一物料,如空气的流速越高,湿度,温度不变,则临界含水量(　　),平衡含水量(　　)。

A. 越低　　B. 越高

C. 不变　　D. 不确定

(4) 同一物料,在一定的干燥条件下,物料分散越细,则临界含水量(　　)。

A. 越低　　B. 越高

C. 不变　　D. 不确定

2. 物料干燥过程中

(1) 物料的平衡水分一定是(　　)。

A. 非结合水分　　B. 自由水分

C. 结合水分　　D. 临界自由水分

(2) 空气的干球温度为 t,湿球温度为 t_w,露点为 t_d,当空气相对湿度 $\varphi=98\%$时,则(　　)。

A. $t=t_w=t_d$　　B. $t<t_w<t_d$

C. $t>t_w=t_d$　　D. $t>t_w>t_d$

(3) 在恒定干燥条件下将含水 20%(干基,下同)的湿物料进行干燥,开始时干燥速度恒定,当干燥至含水量为 5%时,干燥速度开始下降,再继续干燥至物料衡重,并设法测得此时物料含水量为 0.05%,则物料的临界含水量为(　　),平衡含水量为(　　)。

A. 5%　　B. 20%

C. 0.05%　　D. 4.95%

3. (1) 在恒速干燥阶段,在给定的空气条件下,对干燥速率的判断正确的是(　　)。

A. 干燥速率随物料种类不同有极大的差异

B. 干燥速率随物料种类不同有较大的差异

C. 各种不同物料的干燥速率实质上是相同的

D. A,B,C 皆正确

(2) 湿空气在间壁式换热器中与传热介质进行热交换。

(一) 空气温度降低,其湿度肯定不变;

(二) 空气温度升高,其湿度肯定不变。

则判断正确的是(　　)。

A. 两种提法都不对　　B. 两种提法都对

C. (一)对而(二)不对　　D. (二)对而(一)不对

(3) "相对湿度,绝热饱和温度,露点温度,湿球温度"中,(　　)与空气的温度无关。

A. 相对湿度　　B. 绝热饱和温度

C. 露点温度　　D. 湿球温度

4. 真空干燥的主要优点是(　　)。

A. 省钱　　B. 干燥速率缓慢

C. 能避免物料发生不利反应　　D. 能避免表面硬化

二、某常压下操作的空气流程如图所示，干燥器 A、B 是理想干燥器，且知：

t/℃	16	82	86
p_S/ kPa	1.8168	51.33	60.50

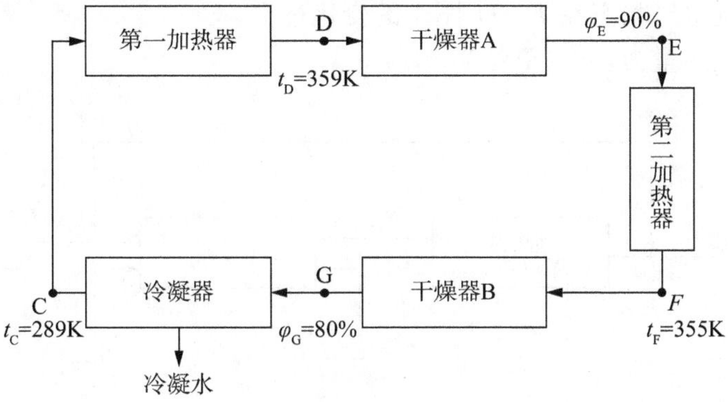

题二图

试求：

(1) 在 $I-H$ 图上画出上述操作过程的空气状态点变化示意图。

(2) 第一加热器中给每千克干气及所带水汽所提供的热量。

三、在常压下，在理想干燥器中，将处理量为 0.4kg/s 的湿物料自含水量为 40%干燥到 5%（均为湿基）。采用废气循环操作，干燥器出口气体中 80%作循环使用，流程如图所示。已知新鲜空气：$H_0=0.01$kg/(kg 干气)，$t_0=20$℃；废气：$H_2=0.08$kg/kg 干气，$t_2=50$℃，忽略预热器的热损失。试问：

(1) 混合气湿度 H_1 是多少(单位为 kg/(kg 干气))？

(2) 定性绘制湿空气状态在 $I-H$ 图中的变化过程。

(3) 预热器的供热量为多少(单位为 kJ/s)？

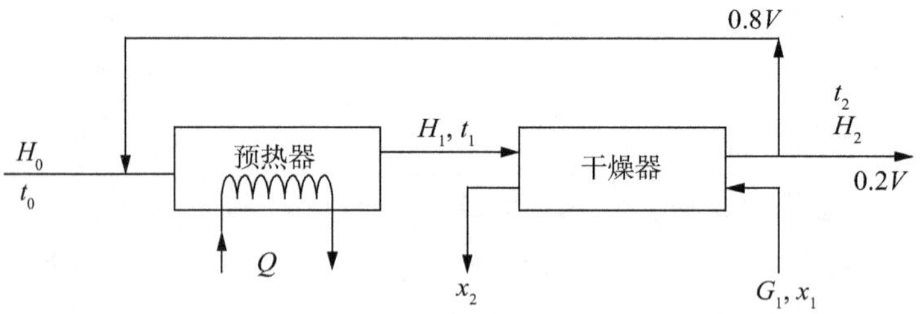

题三图

四、在恒定干燥的条件下进行干燥实验，已测得 $t=50℃$，$\varphi=70\%$。气体平行流过物料表面，水分只从物料表面上汽化。物料由含水量 X_1 变到 X_2，干燥处于恒速阶段所需干燥时间 $\tau=1\text{h}$，试求：

(1) 若其他条件不变，只是介质的温度变为 $t'=80℃$，相对湿度变为 $\varphi'=20\%$，干燥仍然全部处于恒速阶段，所需干燥时间 τ' 是多少？

(2) 若其他条件不变只是物料处理量增加，使物料厚度增加一倍，汽化表面积不变，且仍然全部处于恒速阶段，所需干燥时间 τ'' 是多少？

注：水的汽化潜热可由下式计算：$r=2491.27-2.30285t$

式中，r 为汽化潜热，kJ/kg；t 为汽化温度，℃。

练习9　上册期中考试模拟

一、填空题

1. 定态是指全部过程参数________________。流体的连续性假定指____。

2. 层流与湍流的本质区别在于________________。直管阻力损失体现在________________。

3. 液体的黏度随温度升高而________________，气体的黏度随温度降低而____________。常温下水的黏度为____________ Pa・s，空气的黏度为____________ Pa・s。

4. 水在管道中的常用经济流速范围是________________ m/s，压强较高的气体在管道中的常用经济流速范围是________________ m/s。

5. 离心泵采用后弯叶片是因为________________________，为防止__________，离心泵在启动时必须先灌泵。

6. 当管径相同、喉径与孔径相同时，文丘里流量计的孔流系数 C_V 比孔板流量计的孔流系数 C_0__________，文丘里流量计的能量损失比孔板流量计的__________。（大、小）

7. 如图所示系统，其大管内径为 $d_1=45$mm，液体在大管内流速为 0.5m/s，小管内径为 $d_2=19$mm，从 1－1 到 2－2 截面的阻力损失为 15 J/kg，则 2－2 截面处的流速为______________ m/s，此值是根据__________________方程而得。

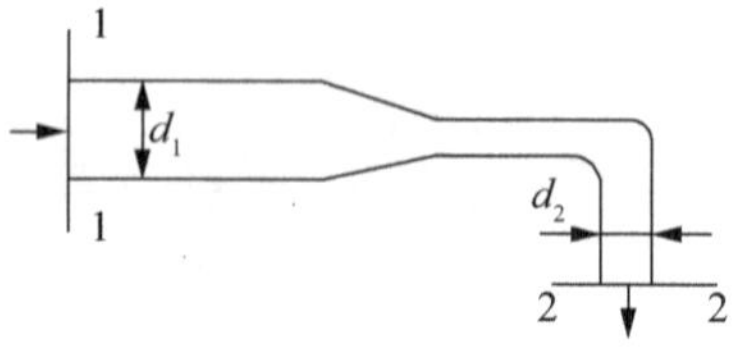

题一（7）图

8. 操作中的离心泵，若将泵的出口阀关小，则泵的扬程__________，轴功率__________，泵入口处的真空度__________。（变大，不变，变小）

9. 离心泵的特性曲线通常包括__________曲线，__________曲线和__________曲线。这些曲线表示在一定__________下，输送某种特定的液体时泵的性能。选用离心泵时，先根据________________________________确定泵的类型，然后根据具体管路对泵提出的____________________和______________________________要求确定泵的型号。

10. 旋桨式搅拌器的特点是__________；涡轮式搅拌器的特点是____________________。

11. 从混合机理看，大尺度的混合均匀主要来源于__________，而小尺度的混合均匀主要来源于__________。强化液流湍动的措施有__________、__________和__________。

12. 边界层是指__________的区域。边界层分离的后果是__________。

13. 非牛顿流体的黏度不再为一常数而与________有关。根据表现出的不同力学特性，非牛顿流体可以分为________流体、________流体和________流体。

二、选择题

1. 在高度湍流(阻力平方)区时，粗糙管的摩擦系数 λ 值________。

A. 与光滑管一样　　　　B. 只取决于相对粗糙度

C. 只取决于雷诺数　　　D. 与粗糙度无关

2. 如图所示，管中的水处于________。

A. 静止

B. 向上流动

C. 向下流动

D. 不一定

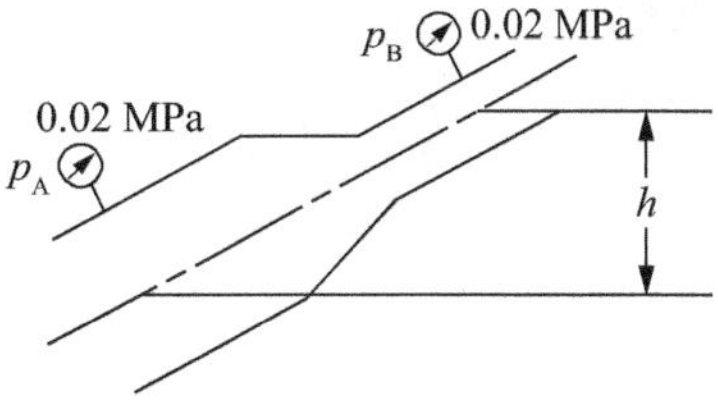

题二(2)图

3. 当管路特性曲线表示为 $H=A+Bq_V^2$ 时________。

A. A 只包括单位重量流体需增加的位能

B. A 包括单位重量流体需增加的位能与静压能

C. Bq_V^2 代表管路系统的局部阻力损失

D. Bq_V^2 代表单位重量流体需增加的动能

4. 往复泵适用于________。

A. 大流量且流量要求特别均匀的场合

B. 流量较小，扬程较高的场合

C. 介质腐蚀性特别强的场合

D. 投资较小的场合

5. 如图所示的管路系统，管长为 L(包括局部阻力的当量长度，下同)，管径为 d 时，流量为 q_V。今用两根长度均与原管长 L 相同，而管径为 $d/2$ 的管子并联取代原管后，总流量为

q_V'，则____________（设 λ 为常数）。

A. $q_V' \approx q_V$

B. $q_V' \approx 1/2q_V$

C. $q_V' \approx 1/3q_V$

D. $q_V' \approx 1/4q_V$

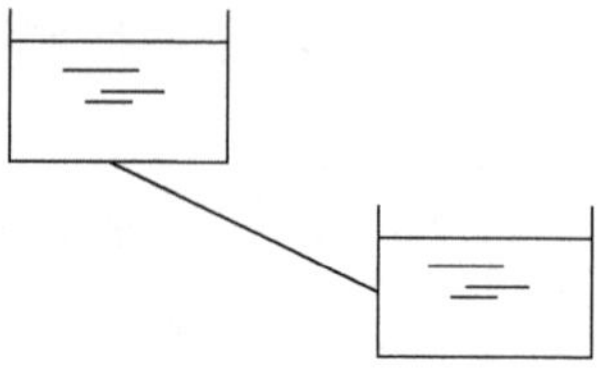

题二(5)图

三、如图所示，水通过倾斜变径管段（$A-B$），已知 $D_A=100\text{mm}$，$D_B=240\text{mm}$，水流量为 $2\text{m}^3/\text{min}$，在截面 A 与 B 处接一 U 形压差计，其读数为 $R=20\text{mm}$，指示剂为水银，A、B 两点间的垂直距离为 $h=0.3\text{m}$。试求：

(1) A、B 两点的压差为多少（单位为 Pa）？

(2) A、B 管段的阻力损失为多少（单位为 J/kg）？

(3) 若将管路水平放置，流向与流量不变，定性回答压差计读数及 A、B 两点压强差如何变化？

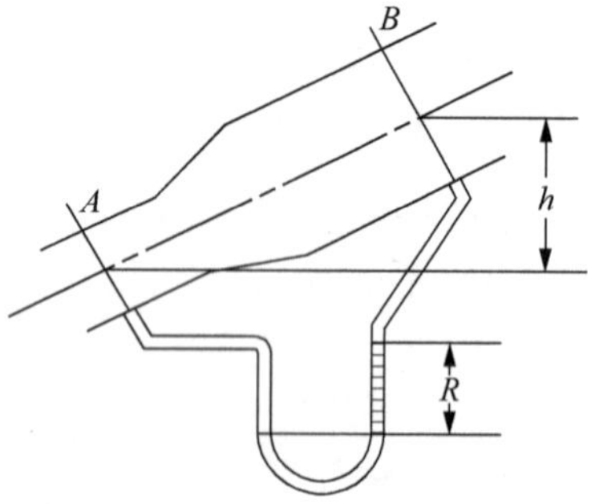

题三图

四、某混合式冷凝器内的真空度为 7.85×10^4 Pa，所需冷却水量为 6×10^4 kg/h，冷水进冷凝器的入口比吸水池的液面高 15m，用 $\varnothing 114$mm×7mm 管道输水，管长为 80m，管路配有 2 个球心阀和 5 个弯头，已知阀门的阻力系数 $\zeta=3$，弯头的阻力系数 $\zeta=1.26$，管入口阻力系数 $\zeta=0.5$，摩擦阻力系数 $\lambda=0.02$，现仓库中有四种规格的离心泵如下表所示。

编号	1	2	3	4
流量/(L/min)	500	1000	1000	2000
扬程/m	10	10	15	15

试求：(1) 为完成上述输送任务需选用几号泵？

(2) 所选用的泵安装在上述管道上，若管路条件不作任何改变，实际流量能否达到上述规定值？如何调节泵出口阀才能达到规定值(用管路特性曲线，泵特性曲线和工作点定性描述)。

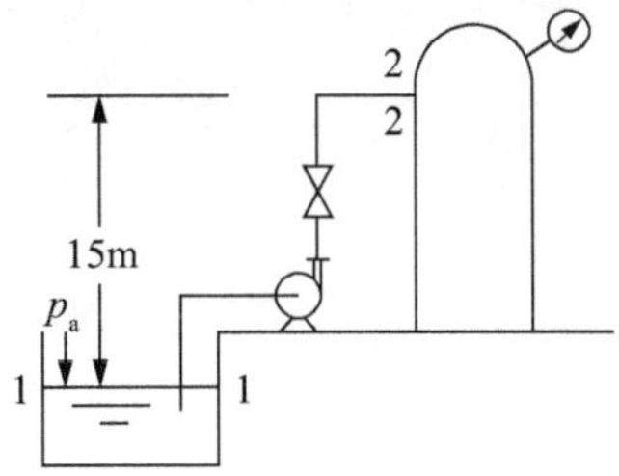

题四图

五、如图所示，槽内水位恒定。槽的底部与内径为 100mm 的水平管连接。当 A 阀关闭时，测得 $R=600\text{mm}$，$h=1500\text{mm}$。

（1）当 A 阀部分开启时，测得 $R=400\text{mm}$，$h=1400\text{mm}$，此时水管中的流量为多少（单位为 m^3/h）？已知 $\lambda=0.02$，管子入口处 $\zeta=0.5$。

（2）当 A 阀全部开启时，A 阀的当量长度 $l_e=15d$，$\lambda=0.02$，则水管中流量为多少（单位为 m^3/h）？B 点压强应为多少（单位为 Pa）（表）？读数 R 为多少？（U 形管测压计为等直径玻璃管，指示剂为汞）

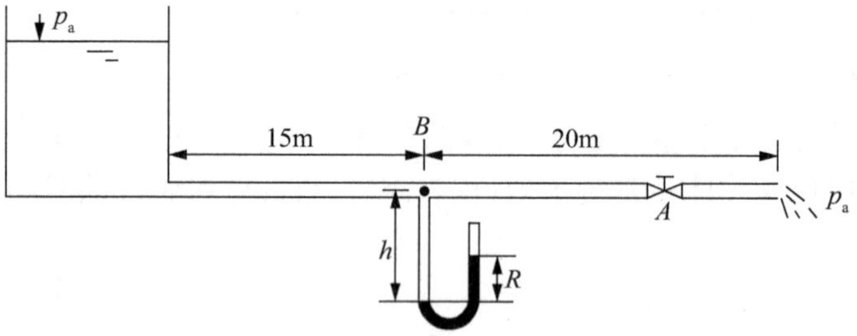

题五图

练习10 上册期终考试模拟

一、填空题

1. 连续性假定认为流体是____。

2. 描述流体运动通常有______________和__________两种考察方法。

3. 流体在管内做层流流动，流量不变，仅增大一倍管径，则摩擦系数________，直管阻力________。流体在直管内流动造成阻力损失的根本原因是______________，直管阻力损失体现在________________。

4. 转子流量计的特点是__________________________________。孔板流量计的特点是______________________________。毕托管测得的是________速度。

5. 气缚现象发生的原因是__________________，避免气缚现象发生的方法有________。

6. 离心泵的安装高度太高，会产生________现象。离心泵用出口阀调节流量实质上是改变____________曲线，用改变转速来调节流量实质上是改变________曲线。

7. 离心泵常用________阀调节流量，往复泵的流量调节使用__________________和____________________。

8. 离心通风机输送密度为 $\rho=1.2\text{kg/m}^3$ 的空气时，流量为 $6000\text{m}^3/\text{h}$，全风压为 $240\text{mmH}_2\text{O}$。若用来输送密度为 $\rho'=1.4\text{kg/m}^3$ 的流体，流量仍为 $6000\text{m}^3/\text{h}$，全风压为__________mmH_2O。

9. 为达到均匀混合，搅拌器应具备两个功能：一是在釜内形成一个____________，二是希望产生________________。

10. 加快过滤速率的途径有________________________、__________________________、______________________、__________________________。

11. 流化床阶段，随空床气速增加，床层的空隙率________，床层压降________。(增大、减小、不变、不确定)

12. 给热过程中，不凝性气体的存在会______________________________，故为减少不凝性气体的不良影响，都设有________________________________。

13. 黑体是____，灰体是____。

二、(一)选做题(此题5学分必做,6学分不做)

1. 用离心泵将河水输送至水塔(液位恒定),管路情况一定,试问当河水水位升高时,泵的扬程________,管路总阻力损失________。

A. 变大　　B. 变小　　C. 不变　　D. 不确定

2. 过滤基本方程是基于________推导出来的。

A. 滤液在滤饼中的湍流流动　　B. 滤饼的可压缩性

C. 滤液在滤饼中的层流流动　　D. 滤饼的比阻

3. 流化的类型有________。

A. 散式流化和均匀流化　　B. 聚式流化和散式流化

C. 聚式流化和鼓泡流化　　D. 浓相流化和稀相流化

4. 在某套管式换热器中,用温度为 T 的饱和水蒸气将冷空气从 t_1 加热至 t_2,则管壁温度 t_w 为________。

A. $t_w \approx T$　　B. $t_w \approx t_1$

C. $t_w \approx t_2$　　D. $t_w \approx 0.5(t_1 + t_2)$

(二) 蒸发(此题6学分必做,5学分不做)

某单效蒸发器将某水溶液浓度从5%浓缩至20%(质量分数),进料量为2000kg/h,沸点进料。冷凝器中二次蒸汽的冷凝温度为70℃,加热蒸汽的温度为110℃,蒸发器的传热面积为60m^2,蒸发传热系数 K 为800W/(m^2·℃),忽略蒸发过程的热损失。试计算蒸发水量(kg/h)以及蒸发过程的总温度差损失和传热的有效温差。二次蒸汽的汽化潜热可取2331kJ/kg。

三、流体输送机械

如图所示，用泵向某敞口容器供水，因冬季和夏季用水量不同，故冬季用单泵供水，夏季用两台相同的泵并联供水。已知 $\Delta Z=8\text{m}$，泵的入口管和压出管直径均为 50mm，$\lambda=0.03$，吸入管 $L_1=10\text{m}$，压出管 $L_2=80\text{m}$（均包括局部阻力），泵的特性曲线方程为 $H_e=22-7.2\times10^5 q_V^2$。式中：$H_e$ 单位为 m；q_V 单位为 m^3/s。试求：

(1) 冬季用水量为多少（单位为 m^3/h）？

(2) 单个离心泵的有效功率为多少（单位为 W）？

(3) 夏季用水量为多少（单位为 m^3/h）？

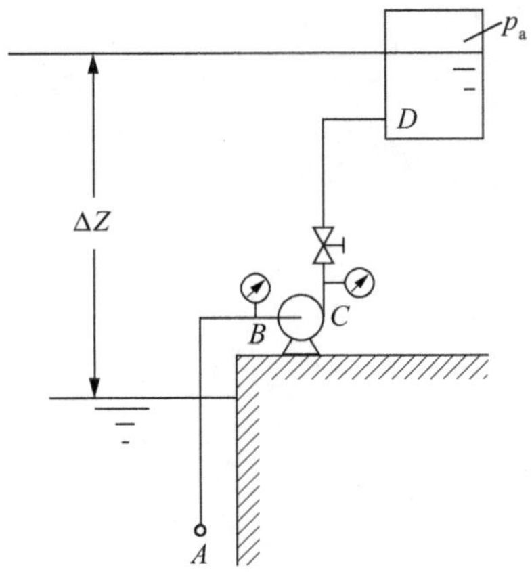

题三图

四、过滤

用某板框压滤机在恒压下过滤某悬浮液。已知过滤常数 $K=6\times10^{-5}\ m^2/s$，$q_e=0$。现要求每一操作周期的过滤时间为 50min，所得滤液量为 $4m^3$。洗涤水量为滤液体积的 1/10，洗涤操作压强与过滤时相同，滤液黏度与水相同，装卸时间为 10min，已知滤饼不可压缩，试求：

(1) 需要多大的过滤面积(单位为 m^2)？

(2) 洗涤时间 τ_W 为多少？

(3) 生产能力 Q 为多少？

五、沉降

某降尘室每层底面积为 $10m^2$，内设 5 层隔板，现用该降尘室净化质量流量为 600kg/h 的含尘空气。如将含尘空气预热至 150℃，再通入降尘室。已知 150℃时，空气的密度为 $0.836kg/m^3$，黏度为 $\mu=2.41\times10^{-5}Pa\cdot s$。试求：

(1) 可 100%除去的最小颗粒直径为多少？

(2) 为保证 100%除去最小颗粒直径达 $6.08\mu m$，空气的质量流量为多少(单位为 kg/h)？

六、传热

在一传热面积为$50m^2$的再沸器中，用95℃的热水加热某有机液体，使之沸腾产生一定量的蒸气，液体的沸点为45℃。已知热水在管程的流速为0.5m/s（总流量为$1.26\times10^5kg/h$），出口水温为75℃，再沸器中列管的内径为20mm。试求：

（1）该再沸器在上述条件下的传热量Q和传热系数K。

（2）热水侧的传热膜系数α_1和沸腾侧的传热膜系数α_2各为多少？

（假定热水的物性与沸腾侧的传热膜系数可视为不变。热水的物性为：$\rho=970kg/m^3$；$\mu=0.335mPa\cdot s$；$c_p=4.2kJ/(kg\cdot K)$；$\lambda=0.677w/(m\cdot K)$，管壁两侧的污垢热阻各取为$0.1\times10^{-3}m^2\cdot K/W$，管壁热阻可忽略不计。）

练习11　下册期中考试模拟

一、填空题

1. 吸收操作的基本依据是________________________________。精馏操作的基本依据是________________________________。

2. 亨利定律的三种表达形式为__________、__________、__________。

3. 常用的解吸方法有________、________、________。

4. 对流传质理论中，三个有代表性的是__________、__________、__________。

5. 化学吸收与物理吸收的本质区别是________________________________。

6. 易溶气体溶解度________，其吸收过程通常为________阻力控制。

7. 逆流操作的吸收塔处理低浓度气体混合物，若其他条件不变，而入口气体流量增加，则此塔的出口气体浓度 $y_{出}$ 将________、出口液体浓度 $x_{出}$ 将________。（上升、下降、不变）

8. 在填料吸收塔的计算中，表示传质分离任务难易程度的一个量是________，而表示设备效能高低的一个量是________。

9. 操作中的吸收塔，若吸收剂入塔浓度 $x_{进}$ 升高，其他操作条件不变，则出口气体浓度 $y_{出}$________，$\Delta y_{出}$________。（变大、变小、不变、不确定）

10. 纯溶剂逆流吸收，$L/G=2.5$，$y=2x$，当塔无限高时，则在________达到相平衡。若 L/G 增大，则 $y_{出,\min}$________。（变大、变小、不变、不确定）

11. 恒摩尔流假定的主要前提是________________。

12. 对一定组成的二元体系的精馏过程，压力降低，则相对挥发度越________，对分离越

________。(大、小、不变、不确定、有利、不利)

13. 在设计某精馏塔时,若将塔釜由原来的间接蒸汽加热改为直接蒸汽加热,而保持 x_F、D/F、x_D、q、R 不变,则 W/F ________,x_W ________,提馏段操作线斜率________,理论板数________。(增加,减小,不变,不确定)

14. 平衡蒸馏和简单蒸馏的主要区别在于________________。

二、选择题

1. 用某吸收剂吸收混合气中的可溶组分,该吸收过程为气膜控制。若吸收剂用量增加,其余操作条件不变,则________。

A. $y_{出}$ 下降,Δy_m 上升　　B. $y_{出}$ 上升,Δy_m 下降

C. $y_{出}$ 下降,Δy_m 不变　　D. $y_{出}$ 下降,Δy_m 不确定

2. 用纯溶剂逆流吸收,已知 $L/G=m$,轻组分回收率为 90%,则该塔的传质单元数为________。

A. 9　　B. 10　　C. 0.1　　D. 不确定

3. 对一定操作条件下的填料吸收塔,如将填料层增高些,则塔的 H_{OG}将________。

A. 降低　　B. 升高　　C. 不变　　D. 不确定

4. 某连续操作的精馏塔,若 D/F、x_F、q、α 不变,而回流比 R 增大,则塔顶 x_D ________,塔底 x_W ________。

A. 变大　　B. 变小　　C. 不变　　D. 不确定

5. 在精馏塔内,某二元物系无恒沸点,当易挥发组分 A 的液相组成 $x_A=0.4$,相应的泡点为 t_1;汽相组成 $y_A=0.4$,相应的露点为 t_2,则________。

A. $t_1=t_2$　　B. $t_1<t_2$　　C. $t_1>t_2$　　D. 判断依据不足

三、作图题

1. 如 $y-x$ 图所示为原工况下的平衡线与操作线，试画出操作温度升高后的新工况下的平衡线与操作线。

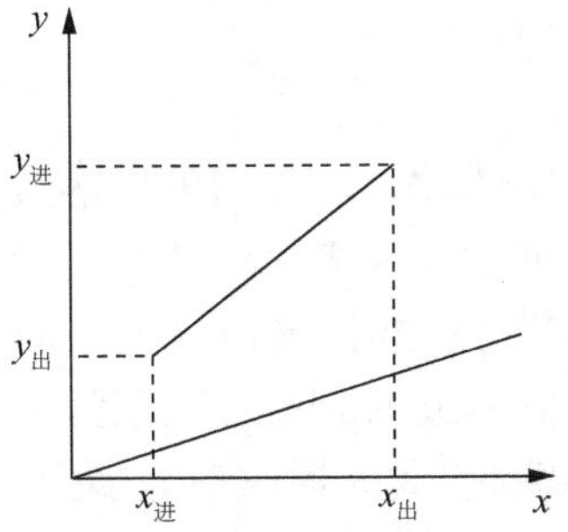

题三(1)图

2. 如 $y-x$ 图所示为原工况下的平衡线与操作线，试画出将塔顶原吸收剂的一部分改由吸收塔中部加入时新工况下的平衡线与操作线。

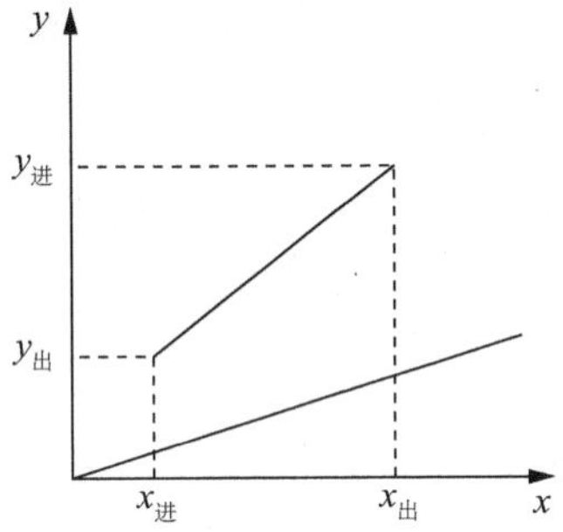

题三(2)图

3. 画图说明精馏塔有两股不同浓度物料进料时，是预混进料好还是分开进料好。

四、吸收

在塔径为1.2m的填料塔中，用清水逆流吸收混合气中的A组分，混合气流率为50kmol/h，入塔时A组分浓度为0.08(摩尔分数)，轻组分的回收率为0.90，相平衡关系为$y=2x$，设计液气比为最小液气比的1.5倍，总传质系数$K_ya=0.0186\text{kmol}/(\text{m}^3\cdot\text{s})$，且$K_ya\propto G^{0.8}$。试求：

(1) 吸收塔气、液出口浓度各为多少？

(2) 所需填料层高度为多少米？

(3) 若设计成的吸收塔用于实际操作时，改用再生溶液，吸收液浓度为$x_2'=0.0005$，吸收剂用量及其他操作条件不变，此时回收率为多少？(5学分必做，6学分不做)

(4) 若设计成的吸收塔用于实际操作时，采用20%吸收剂再循环流程(L_r为L'的20%)，循环的液体在塔外部换热降温进塔后，此时相平衡关系为$y=1.5x$，新鲜吸收剂用量及其他操作条件不变，并忽略总传质系数的变化，此时回收率为多少？(6学分必做，5学分不做)

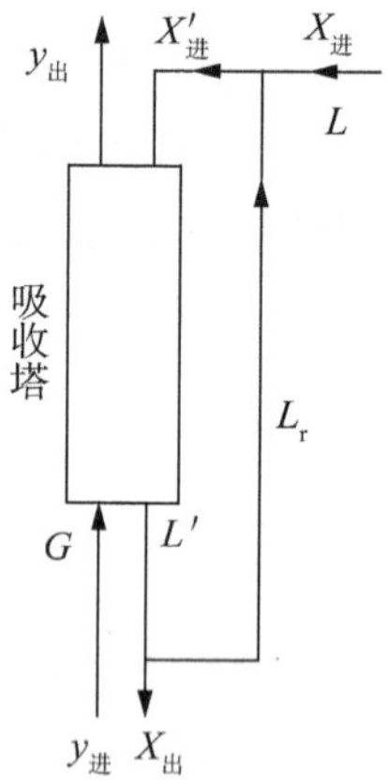

题四图

五、精馏计算

用连续精馏塔分离某双组分混合液，其中易挥发组分浓度 $x_F=0.4$（摩尔分数，下同），原料以饱和蒸汽状态被加入塔中部。塔顶设全凝器，泡点回流，塔釜间接蒸汽加热。物系的相对挥发度为 2.5，塔顶产品浓度 $x_D=0.9$，易挥发组分回收率 $\eta_A=0.90$，实际操作的回流比为最小回流比的 1.5 倍。试求：

（1）最小回流比 R_{min}。

（2）塔釜采出液的摩尔分数。

（3）精馏段和提馏段的操作线方程。

（4）进入塔顶第二块理论塔板的汽相和液相组成分别为多少？

（5）若塔顶馏出液的采出率为 0.6，塔顶产品能否达到规定的浓度。（请计算说明）

练习12　下册期终考试模拟

一、填空题

1. 吸收操作的基本依据是______________________________。亨利定律表达式的适用条件是____________________。若增加吸收的总压，则亨利常数 E ________，H ________，m ________。（上升、下降、不变）

2. 吸收操作的费用中__________________费用所占比例最大。

3. 对易溶气体，溶解度大，其吸收过程通常为__________控制，$K_y \approx$________；对难溶气体，溶解度小，其吸收过程通常为__________控制，$K_y \approx$__________。

4. 用清水逆流吸收混合物中某溶质组分，$L/G=2.5$，$y=2x$，当填料层高度为无限高时，最大回收率为________。

5. 若 x_F、气化率相同，则平衡蒸馏所得的气相浓度________简单蒸馏所得的气相平均浓度。(大于，等于，小于)。

6. 恒摩尔流假定的主要前提是______________________________。

7. 精馏操作中，若 $\overline{V}$ 上升，而回流量 L 和进料状态(F，x_F，q)均保持不变，则 R ________，D ________，x_D ________，x_W ________。(增大，减小，不变，不确定)

8. 气液两相在板式塔内理想的流动条件是总体上____________________，每一块板上____________________。

9. 在常压下，常温不饱和湿空气经预热器间接加热后，该空气的下列状态参数有何变化？湿度 H ________，相对湿度 φ ________，露点 t_d ________，焓 I ________。(升高，降低，不变，不确定)

10. 同一物料，如空气的温度越高，气速、湿度不变，则临界含水量越________，平衡含水量越__________。

（以下 6 学分必答，5 学分不答）

11. 间歇精馏操作中，若要保持馏出液组成不变，必须不断________回流比；若保持回流比不变，则馏出液组成不断________。（增大、减小、不变、不确定）

12. 造成溶液结晶过饱和度的方法有______________，______________。

（以下 5 学分必答，6 学分不答）

11. 在精馏塔设计时，回流比的选择原则是________________。若固定回流比即固定冷却量，对原料进行预热，则理论塔板数 N_T________（增大，减小，不变，不确定），原因是________________。

12. 液液萃取的基本原理是______________________________________。临界混溶点的两共轭相组成________。萃取中溶剂的选择性系数的定义为__________。

二、(一)选择题(5 学分必答，6 学分不答)

1. 逆流吸收操作，今吸收剂温度升高，其他入塔条件都不变，则出口气体浓度 $y_出$，液相出口浓度 $x_出$（　　）。

A. $y_出$增大，$x_出$增大　　B. $y_出$增大，$x_出$减小

C. $y_出$减小，$x_出$减小　　D. $y_出$减小，$x_出$增大

2. 设计精馏塔时，理论塔板数与下列哪些参数无关？（　　）

A. F　　B. q　　C. α　　D. R

3. 对一定操作条件下的填料吸收塔，如将填料层增高些，则塔的 H_{OG}将（　　）。

A. 降低　　B. 升高

C. 不变　　D. 不确定

4. 分配系数 $k_A=1$ 的物系（　　）进行萃取操作。

A. 可以　　B. 不可以　　C. 不确定

5. 下列参数中，（　　）与空气的温度无关。

A. 相对湿度　　B. 绝热饱和温度

C. 露点温度　　D. 湿球温度

（二）萃取(6学分必答,5学分不答)

在B-S部分互溶的单级萃取中,进料中含A 53kg,B 47kg,用纯溶剂萃取,已知萃取相中 $y_A/y_B=2$,选择性系数 $\beta=5$,试求:

(1) 萃余液中A组分的浓度 x_A°。

(2) 萃取液的量 E° 和萃余液的量 R°。

三、吸收

某填料吸收塔，填料层高度为 4.5m，塔径为 1m，用清水逆流吸收流量为 90kmol/h 的含丙酮混合气。混合气中含有丙酮的体积分数为 0.06，测得丙酮的回收率为 95%，塔底液体中含丙酮的浓度为 0.02(摩尔分数)。操作在 101.3kPa、25℃下进行，物系的平衡关系为 $y=2x$。

试求：

(1) 该塔的传质单元高度 H_{OG} 及总容积传质系数 K_ya。

(2) 若要求丙酮的回收率达到 97%，其他条件不变，求需增加的填料层的高度。

四、精馏

用板式精馏塔在常压下分离含苯组成为0.4(摩尔分数,下同)的苯-甲苯溶液,饱和蒸汽进料。塔顶馏出液中苯的组成为0.95,塔釜采出液的组成为0.02,回流比为最小回流比的1.5倍。塔顶为全凝器,塔釜间接蒸汽加热。苯对甲苯的平均相对挥发度为2.5。试求:

(1) 塔顶馏出液的采出率D/F。

(2) 精馏段操作线方程。

(3) 提馏段操作线方程。

(4) 若全回流操作,塔顶组成为0.98,求离开第二块理论板(自塔顶向下数)的上升蒸气和下降液体的组成。

五、干燥

在常压下将含水质量分数为 20%（湿基含水量）的湿物料以 1000kg/h 送入一理想干燥器，干燥产物的含水量为 5%（湿基含水量）。以温度为 18℃，湿度为 0.009kg 水/kg 干气的空气为干燥介质。预热温度为 90℃，废气的出口温度 $t_2=50$℃。试求：

（1）水分蒸发量 W。

（2）废气出口的湿度 H_2。

（3）进预热器之前风机的流量 V（单位为 m^3/h）。

（4）预热器的供热量（单位为 kW）。

（5）干燥器的热效率 η。

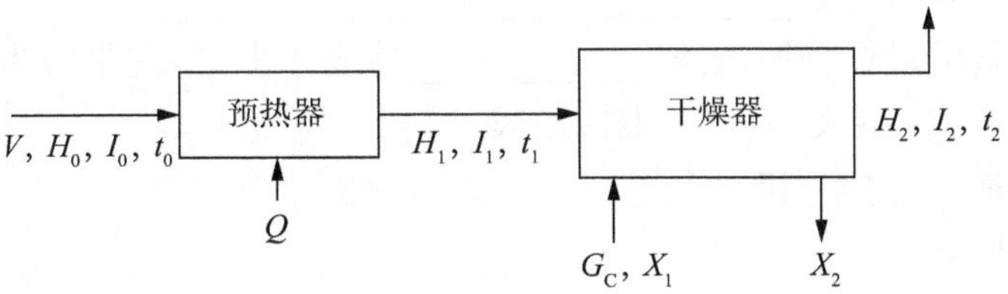

湿空气比容：$v_H=(2.83\times10^{-3}+4.56\times10^{-3}H)(t+273)$ m^3/kg 干气

练习 13　化工原理(少学时)期末考试模拟卷(一)

一、填空题

1. 连续性假定的基本内容是______________________________。

2. 离心泵的特性曲线包括________曲线、________曲线和________曲线。

3. 液体沸腾的必要条件是_____________和_____________。

4. 工业冷凝装置的设计一般按照____________冷凝来考虑,这是因为虽然________冷凝的给热系数比________冷凝大,但难以维持持久。

5. 过滤常数包括________和________。

6. 吸收的基本原理是___________________________________。

7. 吸收中,温度升高时,E ________、m ________、H ________;而系统总压升高时,m ________、H 和 E 不变。

8. 低含量气体吸收的三个特点是_______________________;_______________________和___________________。

9. 建立操作线方程的基本依据是____________________________。

二、管路计算

操作中的离心泵将密度为 1200kg/m^3 的液体由敞口槽输送到位差 12m 的高塔中,塔顶压强为 80kPa(表压),流量为 $21\text{m}^3/\text{h}$。输液管道均为 $\phi 57\text{mm}\times 3.5\text{mm}$ 的钢管,管长 100m(包括所有局部阻力的当量长度)。摩擦系数 $\lambda=0.03$。试求:

(1) 管路特性方程。

(2) 泵的有效功率。

(3) 若泵出口处到塔顶垂直距离为 10m,泵出口到塔顶管长为 80m(包括所有局部阻力的当量长度),管道仍为 $\phi 57\text{mm}\times 3.5\text{mm}$,塔顶压强保持 80kPa(表压),输送流量为 $21\text{m}^3/\text{h}$,求此时泵出口处压强表的读数。

三、传热计算

一套管换热器，管隙用110℃的饱和水蒸气将内管中的气体从10℃加热至50℃，内管直径为ϕ25mm×2.5mm。气体的对流给热系数为50W/(m^2·℃)，蒸汽的对流给热系数为10000W/(m^2·℃)。气体流量为50kg/h，比热容为1kJ/(kg·℃)。忽略管壁和污垢热阻及热损失。试求：

(1) 以管外径为基准的总传热系数。

(2) 所需管长。

(3) 若保持蒸汽温度为110℃，而将气体流量调整为60kg/h，进口温度保持不变，则气体出口温度为多少?

(4) 若饱和水蒸气温度为120℃，冷热流体两侧对流给热系数、气体流量、进口温度和(1)中相同，则气体出口温度为多少?

(5) 通过以上计算，得到哪些结论?

四、沉降计算

用降尘室来除去某股气流中的粉尘，粉尘的密度为 4300 kg/m^3，气流中颗粒均匀分布，在操作条件下气体流量为 10000m^3/h，黏度为 3.0×10^{-5} Pa·s，密度为 1.45 kg/m^3。试求：

（1）若要求净化后的气体中不含直径大于 50μm 的尘粒，则所需要的降尘室面积为多少？

（2）若使用该降尘室操作，则直径为 25μm 颗粒被除去的百分数是多少？

（3）若采用多层降尘室，除尘要求同(1)，降尘室底面宽 1.2m，长 2.0m，则需要隔板几层？

五、过滤计算

过滤面积为 $0.1m^2$ 的板框过滤机在 60kPa 的压差下处理某悬浮液。开始 400s 得到滤液 $5.0\times10^{-4}m^3$，又过 600s，得到另外 $5.0\times10^{-4}m^3$ 的滤液。试求：

(1) 该压差下的过滤常数 K 和 q_e。

(2) 再收集 $5.0\times10^{-4}m^3$ 的滤液所需的时间。

(3) 若过滤 1800s 后，板框充满滤饼，用 1/5 滤液体积的清液洗涤滤饼，洗涤液黏度与滤液相同，则洗涤时间是多少？

六、吸收计算

在某逆流操作吸收塔中用清水吸收空气混合物中的有害气体，混合气体流率为 0.03kmol/(m^2・s)，入塔气体浓度为 0.02(摩尔分数，下同)，出塔气体浓度为 0.001，相平衡关系 $y=2x$，总体积传质系数为 0.05 kmol/(m^3・s)，实际液气比为最小液气比的 1.5 倍，塔径为 0.8m。试求：

(1) 回收率。

(2) 最小液气比。

(3) 填料塔的高度。

(4) 若填料层高度增加 2m，其余入塔条件不变，则出塔气体浓度变为多少？

七、精馏计算

欲分离苯-甲苯混合液体，进料量为 150kmol/h，$x_F=0.4$（摩尔分数，下同），$x_D=0.95$，$D=60$kmol/h，饱和蒸汽进料，回流比为 4，系统相对挥发度为 2.5。塔釜间接蒸汽加热，塔顶全凝器，泡点回流。试求：

(1) 塔顶苯的回收率和塔釜甲苯的回收率。

(2) 最小回流比。

(3) 提馏段操作线方程。

(4) 进入塔顶第二块理论板的汽、液相组成。

练习 14　化工原理(少学时)期末考试模拟卷(二)

一、填空题

1. 黏性的物理本质是________________。

2. 离心泵的压头(扬程)的定义是________________。

3. 流动对传热的贡献在于________________。

4. 工业沸腾装置应该控制在________状态下操作,这是因为该沸腾状态具有________、________的优点。

5. 请写出三种典型间壁式换热器:________、________和________。

6. 重力沉降室的气体处理量仅与________有关,而________不影响气体处理量。

7. 吸收和相平衡之间的三个关系是________;________和________。

8. 请写出三种填料塔附属设备名称________,________,________。

9. 在精馏分离液体混合物,且系统总压升高时,系统的相对挥发度________,塔顶温度________,塔釜温度________。

二、管路计算

用离心泵将常温水从蓄水池输送至高位液槽(如图所示)。管路的尺寸为 $\phi 57\text{mm}\times 3.5\text{mm}$,直管中长度与所有局部阻力的当量长度之和为 240m,其中水池面到 A 点的长度为 60m(含所有局部阻力的当量长度),摩擦系数为 0.022。输水量用孔板流量计测量,孔板孔径为 20mm,流量系数为 0.63,读数 R_2 为 0.48m,两 U 形压差计的指示液均为汞。试求:

(1) 每千克水从泵所获得的机械能。

(2) A 截面处 U 形压差计读数 R_1。

(3) 若将常压高位槽改为高压高位槽,则 U 形压差计读数 R_1、R_2 如何变化?(定性判断)

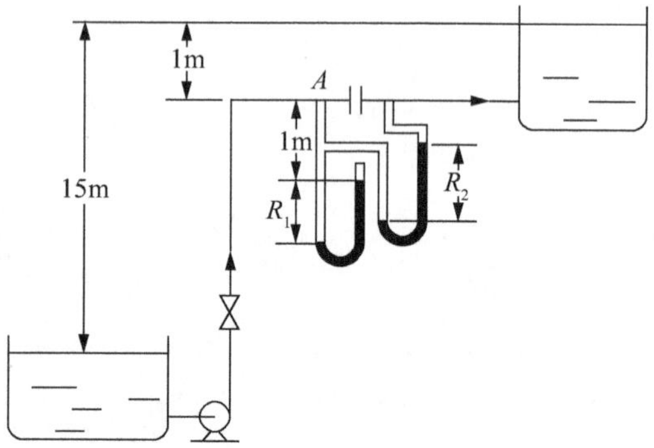

题二图

三、传热计算

一单程列管式换热器，其管束由 269 根长度为 3m，管径为 25mm 的管子组成。现欲用此换热器将流量为 8000kg/h 的常压空气从 10℃加热至 110℃，已知定性温度下，空气的比热容为 1010J/(kg・℃)，黏度为 2.01×10^{-5} Pa・s，导热系数为 0.0287W/(m・℃)，试问：若壳程通 120℃的饱和水蒸气，对流给热系数为 10000W/(m^2・℃)，详细计算并说明该换热器是否适用？(忽略蒸汽管壁及污垢热阻)

四、沉降计算

降尘室长为 6m、宽为 3m、高为 2m，用于处理密度为 0.6kg/m^3、黏度为 3.20×10^{-5} Pa·s 的含尘气体。在操作条件下气体流量为 23500m^3/h。已知颗粒密度为 4000 kg/m^3。假设气体入室时颗粒在气流中均匀分布，颗粒视为球形。试求：

（1）完全除去的最小颗粒直径。

（2）直径为 100μm 和 50μm 的颗粒在此降尘室能够被除去的百分数。

五、过滤计算

以叶滤机过滤某悬浮液,已知过滤常数 $K=2.5\times10^{-3}\,m^2/s$,过滤介质阻力可略。试求:

(1) $q_1=2m^3/m^2$所需的过滤时间 τ_1。

(2) 若操作条件不变,在上述过滤 τ_1时间的基础上再过滤 τ_1时间,则又可得单位过滤面积上多少滤液?

(3) 若过滤终了时 $q=2.85m^3/m^2$,以每平方米过滤面积上用 $0.5m^3$洗液洗涤滤饼,操作压力不变,洗液与滤液黏度相同,则洗涤时间是多少?

六、吸收计算

某逆流吸收塔，用含溶质为0.0002(摩尔分数，下同)的溶剂进行吸收。已知混合气体入塔浓度为0.01，要求回收率为90%，操作条件下相平衡关系为$y=2x$，液气比为最小液气比的1.2倍，气相传质单元高度为0.9m。试求：

(1) 该吸收塔填料层的高度。

(2) 若该塔操作时，因解吸不良导致吸收剂中溶质含量变为0.0005，其他入塔条件不变，则此时溶质回收率变化为多少？

七、精馏计算

在连续精馏塔中分离苯-甲苯混合溶液。塔釜间接蒸汽加热，塔顶全凝器，泡点回流。进料中含苯 35%（摩尔分数，下同），进料量为 100kmol/h，以饱和蒸汽状态进入塔的中部。塔顶馏出液量为 40kmol/h，系统相对挥发度为 2.5，且已知精馏段操作线方程为 $y=0.8x+0.16$。试求：

（1）塔顶采出率和塔釜甲苯的回收率。

（2）提馏段操作线方程。

（3）离开塔顶第二块理论板的汽、液相组成。

附　录

附录1　《化工原理》思考题参考答案

第1章　流体流动

1-1　假定流体是由大量质点组成的、彼此间没有间隙、完全充满所占空间的连续介质。

质点是含有大量分子的流体微团，其尺寸远小于设备尺寸，但比起分子自由程却要大得多。

1-2　前者描述同一质点在不同时刻的状态；后者描述空间任意定点的状态。

1-3　分子间的引力和分子的热运动。

通常气体的黏度随温度上升而增大，因为气体分子间距离较大，以分子的热运动为主；温度上升，热运动加剧，黏度上升。液体的黏度随温度增加而减小，因为液体分子间距离较小，以分子间的引力为主，温度上升，分子间的引力下降，黏度下降。

1-4　静压强的特性：(1)静止流体中任意界面上只受到大小相等、方向相反、垂直于作用面的压力；(2)作用于任意点所有不同方向的静压强在数值上相等；(3)压强各向传递。

1-5　(1)图略，受力箭头垂直于壁面、上小下大。

(2)内部压强 $p=\rho gh=1000\times9.81\times0.5=4.91(\text{kPa})$；

外部压强 $p=F/A=10/0.008=1.25(\text{kPa})<$内部压强 $4.91(\text{kPa})$。

因为容器内壁给了流体向下的力，使内部压强大于外部压强。

1-6　容器A的液体势能下降，使它与容器B的液体势能差减小，从而 R_2 减小。R_1 不变，因为该U形管两边同时降低，势能差不变。

1-7　由静力学方程可以导出 $\Delta p=H(\rho_{冷}-\rho_{热})g$，所以 H 增加，压差增加，拔风量大。

1-8　前者指速度分布大小均匀；后者指速度方向平行、无迁移加速度。

1-9　重力场下、不可压缩、理想流体作定态流动，流体微元与其他微元或环境没有能量交换时，同一流线上的流体间能量的关系。

1-10　$R=R'$，因为U形管指示的是总势能差，与水平放还是垂直放没有关系。

1-11　选(1)$p_B<p_A$；因为管道出口通大气，出口压力等于 p_A，而 B 处的位置比出口处高，所以，压力较低。

1-12　是否存在流体速度 u、压强 p 的脉动性，即是否存在流体质点的脉动性。

1-13　惯性力与黏性力之比。

1-14　$\Delta\mathscr{P}=32\mu uL/d^2$。不可压缩流体在直圆管中作定态层流流动时的阻力损失计算。

1-15　当壁面凸出物低于层流内层厚度，体现不出粗糙度对阻力损失的影响时，称为水力光滑管。在 Re 很大,λ 与 Re 无关的区域,称为完全湍流粗糙管。

1-16 定义为 $4A/\pi$。不能按该式计算流量。

1-17 因为质量守恒,直管内不同轴向位置的速度是一样的,不会因为重力而加快,重力只体现在压强的变化上。

1-18 (1) h_1下降,h_2下降,(h_1-h_2)下降;

(2) h_1上升,h_2上升,(h_1-h_2)下降。

1-19 q_V、q_{V1}下降,q_{V2}、q_{V3}上升。

1-20 不一定,具体要看管路状况是否变化。

第2章 流体输送机械

2-1 流体输送机械向单位重量流体所提供的能量(J/N)。

2-2 离心泵的压头与流量、叶轮转速、叶片形状及叶轮直径大小有关。

2-3 后弯叶片的优点是:后弯叶片使流体势能的提高大于动能的提高,动能在蜗壳中转换成势能时损失小,泵的效率高。

它的缺点是产生同样的理论压头所需泵体的体积比前弯叶片的大。

2-4 因泵内流体密度小而产生的压差小,无法吸上液体的现象。

产生"气缚"的原因是离心泵产生的压差与密度成正比,密度小,压差小,吸不上液体。

防止"气缚"的方式有灌泵、排气。

2-5 离心泵的特性曲线指 H_e-q_V,$\eta-q_V$,P_a-q_V。影响这些曲线的主要因素有液体密度,黏度,转速,叶轮的形状及叶轮直径大小。

2-6 离心泵的工作点是由管路特性方程和泵的特性方程共同决定的。

调节出口阀,改变泵的转速。

2-7 随着江面的上升,管路特性曲线下移,工作点右移,流量变大,泵的压头下降,阻力损失增加;随着江面的上升,管路内各点压强均上升,所以真空表读数减小,压力表读数增加。

2-8 泵的汽蚀是指液体在泵的最低压强处(叶轮入口)汽化形成气泡,又在叶轮中因压强升高而溃灭,造成液体对泵设备的冲击,引起泵的振动和腐蚀的现象。

规定泵的实际汽蚀余量必须大于允许汽蚀余量;通过计算,确定泵的实际安装高度低于允许安装高度。

2-9 流量大小取决于泵,与管路特性无关。

2-10 这与功率曲线的走向有关,离心泵在零流量时功率负荷最小,所以在启动时关闭出口阀,使电机负荷最小;而旋涡泵在大流量时功率负荷最小,所以在启动时要开启出口阀,使电机负荷最小。

2-11 通风机给每立方米气体施加的能量称为全风压,其中动能部分为动风压。

因单位不同,压头的单位为 m,全风压的单位为 N/m^2,按 $\Delta p=\rho gH$ 可知 H 与 ρ 无关时,Δp 与 ρ 成正比。

2-12 风机在前时,气体密度大,质量流量大,电机功率负荷也大;

风机在后时,气体密度小,质量流量小,电机功率负荷也小。

第3章　液体搅拌

3-1　混合(均相),分散(液液,气液,液固),强化传热。

3-2　因调匀度与取样尺度有关,引入混合尺度反映更全面。

3-3　(1)产生强大的总体流动;(2)产生强烈的湍动或强剪切力场。

3-4　旋桨式搅拌器适用于宏观调匀,而不适用于固体颗粒悬浮液;涡轮式搅拌器适用于小尺度均匀,而不适用于固体颗粒悬浮液;大叶片低转速搅拌器适用于高黏度液体或固体颗粒悬浮液,而不适用于低黏度液体混合。

3-5　(1)提高转速;(2)阻止液体圆周运动,加挡板,破坏对称性;(3)装导流筒,消除短路、消除死区。

3-6　只要几何相似就可以使用同一根功率曲线,因为无量纲化之后,使用了这一条件。

3-7　混合效果与小试相符。

第4章　流体通过颗粒层的流动

4-1　颗粒群的平均直径以比表面积相等为基准。

因为颗粒层内流体为爬流流动,流动阻力主要与颗粒表面积的大小有关。

4-2　数学模型法的主要步骤有(1)简化物理模型;(2)建立数学模型;(3)模型检验,实验定模型参数。

4-3　过滤速率 $u=\mathrm{d}q/\mathrm{d}\tau=\Delta\mathscr{P}/\mathrm{r}\phi\mu(q+q_e)$ 中,u 与 $\Delta\mathscr{P}$、r、ϕ、μ、q、q_e 均有关。

4-4　K、q_e 为过滤常数。

K 与压差、悬浮液浓度、滤饼比阻、滤液黏度有关;q_e 与过滤介质阻力有关。

恒压下才为常数。

4-5　τ_{opt} 对生产能力 $(Q=V/\sum\tau)$ 最大而言。Q 在 $V-\tau$ 图上体现为斜率,切线处可获最大斜率,即为 τ_{opt}。

4-6　考察方法是跟踪法,所以过滤面积为 A,而 ϕ 体现在过滤时间里。

该机的滤饼厚度与生产能力不成正比。滤饼厚度 δ 与 $q=\sqrt{K\dfrac{\varphi}{n}+q_e^2}-q_e$ 成正比,例如,转速越快,生产能力越大,而滤饼越薄。

4-7　强化过滤速率的措施有:(1)改变滤饼结构;(2)改变悬浮液中颗粒聚集状态;(3)动态过滤;(4)反冲滤膜。

第5章　颗粒的沉降和流态化

5-1　$\zeta=F_D/(A_p\rho u^2/2)$。它与 $Re_p(=d_pu\rho/\mu)$、颗粒的形状系数 φ 有关。

5-2　$u_t=d^2(\rho_p-\rho)g/(18\mu)$。

前提 $Re<2$。

当颗粒 d_p 很小,u_t 很小时。

5-3　沉降室底面积和沉降速度。

降尘室的高度不影响气体处理量。高度小会使停留时间短，但沉降距离也短了。

5－4　分离效率、压降。

5－5　低负荷时，没有足够的离心力。

锥底往往是负压，若不密封会漏入气体且将颗粒带起。

5－6　狭义流态化指操作气速 u 小于 u_t 的流化床，广义流态化则包括流化床、载流床和气力输送。

5－7　增加分布板阻力，加内部构件，用小直径宽分布颗粒，细颗粒高气速操作。

内生不稳定性即空穴的恶性循环。

5－8　(1)系统可密闭；(2)输送管线设置比铺设道路更方便；(3)设备紧凑，易连续化、自动化；(4)同时可进行其他单元操作。

第6章　传热

6－1　直接接触式传热、间壁式传热、蓄热式传热。

6－2　传导、对流、热辐射。

6－3　与物质聚集状态、温度等有关。

6－4　流动流体的载热。

6－5　加热面在下，制冷面在上。

6－6　过热度、汽化核心。

6－7　核状沸腾状态。

此时，对流给热系数大，壁温较低。

6－8　改善加热表面，以提供更多的汽化核心；沸腾液体加添加剂，降低表面张力。

6－9　避免不凝性气体累积，防止给热系数 α 降低。

6－10　因 Q 与温度的四次方成正比，它对温度很敏感。

6－11　温度、表面黑度、角系数(几何位置)、辐射面积大小、中间介质。

6－12　(1)相变热远大于显热；(2)沸腾时气泡搅动；(3)蒸汽冷凝时液膜很薄。

6－13　陶瓷壶的黑度大，辐射散热快；银壶的黑度小，辐射散热慢。

6－14　该步骤阻力远大于其他各步骤的阻力之和，传热速率由该步骤所决定。

6－15　K、$q_{m1}c_{p1}$、$q_{m2}c_{p2}$沿程不变；管、壳程均为单程。

6－16　逆流推动力 Δt_m 大，载热体用量少。热敏物料加热，控制壁温以免过高。

6－17　传热基本方程，热量衡算式，带有温变速率的热量衡算式。

6－18　当 $\Psi \leqslant 0.8$ 时，温差推动力损失太大，Δt_m 小，所需 A 变大，设备费用增加。

第7章　蒸发

7－1　溶质常析出在加热面上形成垢层；热敏性物质停留时间不得过长；与其他单元操作相比节能更重要。

7－2　不仅提高 α，更重要的在于降低单程汽化率。减缓结垢现象。

7－3　因该区域的给热系数 α 最大。

7-4 （略）

7-5 ①增大传热温差；②提高蒸发器的传热系数。

7-6 单效间歇蒸发起先 Δ 小，生产能力大。

7-7 经济上限制：W/D 的上升达不到与效数成正比，W/A 的下降比与效数成反比还快；技术上限制：$\sum\Delta$ 必须小于 $T-t^0$，而 $T-t^0$ 是有限的。

7-8 单效蒸发生产强度高，设备费用低，经济性低。多效蒸发经济性高。

第 8 章　气体吸收

8-1 吸收的目的是分离气体混合物。

吸收的基本依据是气体混合物中各组分在溶剂中的溶解度不同。

吸收的操作费用主要花费在溶剂再生，溶剂损失。

8-2 溶解度大，选择性高，再生方便，蒸气压低、损失小等。

溶剂对溶质溶解度大，对其他组分溶解度小。

8-3 $m=E/p=Hc_M/p$，m、E、H 均随温度上升而增大，E、H 基本上与总压无关，m 反比于总压。

8-4 级式接触和微分接触。

8-5 $N=N_M+J_A+J_B$，$N_A=J_A+N_Mc_A/c_M$。

J_A、J_B 由浓度梯度引起；N_M 由微压力差引起；N_A 溶质传递，考查所需。

8-6 p/p_{Bm} 表示了主体流动对传质的贡献。

无漂流因子。因为没有主体流动。

8-7 $D_{气}\propto(T^{1.81}/p)$，$D_{液}\propto(T/\mu)$。

8-8 $Sh=kd/D$ 表征对流传质速率与扩散传质速率之比。

$Sc=\mu/(\rho D)$ 表征动量扩散系数与分子扩散系数之比。

8-9 表面更新理论考虑到微元传质的非定态性，从 $k\propto D$ 推进到 $k\propto D^{0.5}$。

8-10 当 $mky\ll kx$ 时，为气相阻力控制；当 $mky\gg kx$ 时，为液相阻力控制。

8-11 ①G、L 为常量；②等温过程；③传质系数为常数。②微分接触式设备的数学描述取微元段为控制体作物料衡算。

8-12 将分离任务难易与设备效能高低相对分开，便于分析。

8-13 塔段的物料衡算。

8-14 返混是少量流体自身由下游返回至上游的现象。

8-15 完成指定分离任务所需塔高为无穷大时的液气比。

无。

8-16 通常，$x_{2\max}=y_2/m$，$(L/G)_{\min}=(y_1-y_2)/(x_{1e}-x_2)$。

相平衡和物料衡算。

8-17 对数平均推动力法，吸收因数法，数值积分法。

相平衡分别为直线和过原点直线。

8-18 气体流经这一单元高度塔段的浓度变化等于该单元内的平均推动力。

0.15～1.5 m。

8-19 t、x_2、L。

$t\downarrow$,$x_2\downarrow$,$L\uparrow$均有利于吸收。

8-20 传热过程数学描述可视作 $m=1$ 时的吸收过程的情况。

8-21 ①G、L 沿程变化;②非等温;③传质分系数与浓度有关。

8-22 溶质是否与液相组分发生化学反应。

高的选择性,较高的吸收速率,降低平衡浓度 y_e。

8-23 快反应使吸收成表面过程;慢反应使吸收成容积过程。

第9章 液体精馏

9-1 分离液体混合物。

液体中各组分挥发度的不同。

9-2 加热和冷却的费用。

9-3 自由度为 $F=2$(当 p 一定时,为 $t-x$ 或 y;当 t 一定时,为 $p-x$ 或 y);当 p 一定时,$F=1$。

9-4 泡点指液相混合物加热至出现第一个气泡时的温度。露点指汽相混合物冷却至出现第一个液滴时的温度。

对于一定的组成和压力,露点大于或等于泡点。

9-5 强正偏差出现最低恒沸点;强负偏差出现最高恒沸点。

9-6 范拉方程、马古斯方程。

9-7 $p\uparrow$、$\alpha\downarrow$。

9-8 因为此时 $y=x$,没有实现相对分离。

9-9 平衡蒸馏是连续操作且一级平衡;简单蒸馏是间歇操作且瞬时一级平衡。

9-10 唯其如此,才能实现汽液两相充分接触、传质,实现高纯度分离,否则,仅为一级平衡。

9-11 离开该板的汽液两相达到相平衡的理想化塔板。

经过一块塔板之后的实际增浓与理想增浓之比。

9-12 在没有加料、出料的情况下,塔段内的汽相或液相摩尔流量各自不变。

组分摩尔汽化热相近,热损失不计,显热差不计。

9-13 1kmol 加料加热至饱和气体所需热量与摩尔汽化潜热之比。它表明加料热状态。

五种:过热蒸汽加料、饱和蒸汽加料、汽液混合物加料、泡点加料、冷液加料。

9-14 塔段物料衡算。

液汽比为常数(恒摩尔流)。

9-15 在全回流条件下,塔顶塔底浓度达到要求时的最少理论板数。

9-16 达到指定分离要求所需理论板数为无穷多时的回流比,是设计型计算特有的问题。

汽液两相浓度在恒浓区几乎不变。

9－17　设备费、操作费之和最小。

9－18　能。

9－19　塔板温度对外界干扰反映最灵敏的塔板。

9－20　操作灵活。

适用于小批量物料分离。

9－21　相同点：都加入第三组分改变相对挥发度。

区别：(1)前者生成新的最低恒沸物，加入组分从塔顶出；后者不形成新的恒沸物，加入组分从塔底出。(2)操作方式前者可间歇，较方便。(3)前者消耗热量在汽化潜热，后者在显热，消耗热量较少。

9－22　选择多组分精馏的流程方案需考虑(1)经济上优化；(2)物性；(3)产品纯度。

9－23　对分离起控制作用的两个组分为关键组分，挥发度大的为轻关键组分；挥发度小的为重关键组分。

比轻关键组分更易挥发的为轻组分；比重关键组分更难挥发的为重组分。

9－24　清晰分割法假定轻组分在塔底的浓度为零，重组分在塔顶的浓度为零。

全回流近似法假定塔顶、塔底的浓度分布与全回流时相近。

9－25　(一)①全塔物料衡算，得塔顶、塔底浓度；

②确定平均相对挥发度 α，用芬斯克方程计算最少理论板数 $N_{\min}$；

③用恩德伍德公式计算最小回流比 $R_{\min}$，并选定适宜的回流比 R；

④查吉利兰图，求取理论塔板数 N；

⑤以加料组成、塔顶组成，用芬斯克方程、恩德伍德公式、吉利兰图，确定加料板位置。

(二)①全塔物料衡算，得塔顶、塔底浓度；

②用恩德伍德公式计算最小回流比 $R_{\min}$，并选定适宜的回流比 R，汽液相流率 L、V；

③建立操作线方程，确定 x_q，y_q；

④确定 $x-y$ 相平衡计算式；

⑤从塔顶往下交替相平衡、操作方程计算至塔底，并进行浓度校核。

第 10 章　气液传质设备

10－1　(1)气液两相在塔板上充分接触；(2)总体上气液逆流，提供最大推动力。

总体两相逆流，每块板上均匀错流。

10－2　鼓泡状态：气量低，气泡数量少，液层清晰。泡沫状态：气量较大，液体大部分以液膜形式存在于气泡之间，但仍为连续相。喷射状态：气量很大，液体以液滴形式存在，气相为连续相。

10－3　由泡沫状态转为喷射状态的临界点。

10－4　液沫夹带、气泡夹带、气体的不均匀流动、液体的不均匀流动。

10－5　是由过量液沫夹带引起还是由溢流管降液困难造成的。

10－6　夹带液泛、溢流液泛、漏液。

10－7　因为实际塔板上液体并不是完全混合(返混)的，而理论板以板上液体完全混合

（返混）为假定。

10-8 湿板效率与默弗里板效率的差别在于前者考虑了液沫夹带对板效的影响，可用表观操作线进行问题的图解求算，而后者没有。

10-9 因两者定义基准不同。

10-10 (1)过量液沫夹带；(2)漏液；(3)溢流液泛；(4)液量下限($h_{ow}\geqslant 6$mm)；(5)液量上限($H_T A_f/L_{max}\geqslant 3\sim 5$ s)。

上、下操作极限的气体流量之比。

10-11 (1)通过能力；(2)板效率；(3)板压降；(4)操作弹性；(5)结构简单成本低。

10-12 用 x 表示重组分摩尔分数，且重组分从气相传至液相时，喷射状态对负系统($\mathrm{d}\sigma/\mathrm{d}x<0$)有利，泡沫状态对正系统($\mathrm{d}\sigma/\mathrm{d}x>0$)有利。

10-13 (1)比表面积 a；(2)空隙率 ε；(3)填料的几何形状。

拉西环、鲍尔环、矩鞍形填料、阶梯环、网体填料等。

10-14 填料塔内随着气速逐渐由小到大，气液两相流动的交互影响开始变得比较显著时的操作状态为载点；气速进一步增大至出现压降陡增的转折点即为泛点。

10-15 分离效果相当于一块理论板的填料层高度。

10-16 填料塔操作范围小，宜处理不易聚合的清洁物料，不易中间换热，处理量较小，造价便宜，较宜处理易起泡、腐蚀性、热敏性物料，能适应真空操作。板式塔适合于要求操作范围大，易聚合或含固体悬浮物，处理量较大，设计要求比较准确的场合。

第 11 章 液液萃取

11-1 分离液液混合物。

各组分溶解度的不同。

11-2 (1)与物料中的 B 组分不完全互溶；(2)对 A 组分具有选择性的溶解度。

11-3 (1)萃取中稀释剂 B 组分往往部分互溶，平衡线为曲线，使过程变得复杂；

(2)萃取中 $\Delta\rho$，σ 较小，使不易分相，设备变得复杂。

11-4 (1)出现共沸，或 $\alpha<1.06$；(2)低浓度；(3)热敏性物料。

11-5 相平衡的两相无限趋近变成一相时的组成所对应的点。

不一定是。

11-6 能。

萃取相、萃余相各自脱溶后为萃取液、萃余液。

11-7 $\beta=(y_A/y_B)/(x_A/x_B)$。

当 $\beta=1$ 时不可用萃取方法分离。

当 $\beta=\infty$ 时意味着 B、S 完全不互溶。

11-8 通过计算可以确定，当达到指定浓度所需理论级为无穷多时，相应的 S/F 为 $(S/F)_{min}$。

11-9 应考虑：$\mathrm{d}\sigma/\mathrm{d}x$ 的正负，两相流量比，黏度大小，润湿性，安全性等。

11-10 用超临界流体作溶剂进行萃取。

等温变压，等压变温。

11－11　在液膜的两边同时进行萃取和反萃取。

乳状液膜、支撑液膜。

第12章　其他传质分离方法

12－1　溶液结晶，熔融结晶，升华结晶，反应沉淀。

溶液的过饱和。

12－2　冷却，蒸发浓缩。

12－3　分离纯度高，温度低，相变热小。

12－4　晶体微观粒子几何排列的最小单元。按晶格结构分类。形成不同晶体外形的习性。

12－5　在一定温度下，开始析出结晶的溶液浓度大于溶解度，所以，超溶解度曲线在溶解度曲线上面。

饱和，不饱和，过饱和状态。

当溶液浓度处于不饱和状态，属于稳定区。当溶液浓度介于超溶解度曲线和溶解度曲线之间，属于介稳区。当溶液浓度大于超溶解度曲线浓度时，属于不稳区。

12－6　晶核生成，晶体成长。

12－7　初级均相成核，初级非均相成核，二次成核。

12－8　小晶体溶解与大晶体成长同时发生的现象。

12－9　过饱和度 Δc 大，有利于成核；过饱和度 Δc 小，有利于晶体成长。

12－10　选择时要考虑溶解度曲线的斜率，能耗，物性，产品粒度，处理量等。

12－11　流体中的吸附质借助于范德瓦尔斯力而富集于吸附剂固体表面的现象。

吸附剂对流体中各组分选择性的吸附。

12－12　变温，变压，变浓度，置换。

12－13　活性炭，硅胶，活性氧化铝，活性土，沸石分子筛，吸附树脂等。

活性炭亲有机物；硅胶极性、亲水；活性氧化铝极性、亲水；活性土极性、亲水；沸石分子筛极性可改变、筛选分子、选择性强；吸附树脂可引入不同的官能团。

分子筛是晶格结构一定，微孔大小均一，能起筛选分子作用的吸附剂。

12－14　内表面大，活性高，选择性高，有一定的机械强度、粒度，化学稳定性好。

12－15　随着流体相浓度的增加，吸附等温线斜率降低。

12－16　分子扩散，努森扩散，表面扩散，固体(晶体)扩散。

12－17　外扩散，内扩散，吸附。

12－18　固定床吸附器中，固体相浓度随距离的变化曲线称为负荷曲线。出口浓度随时间的变化曲线称为透过曲线。

透过曲线中，出口浓度达到5%进口浓度时，对应的点称为透过点；出口浓度达到95%进口浓度时，对应的点称为饱和点。

12－19　固定床吸附器，搅拌釜吸附器，流化床吸附器。

12 - 20　利用固体膜对流体混合物各组分的选择性渗透，实现分离。

反渗透，超滤，电渗析，气体渗透分离。

12 - 21　不发生相变化，能耗低，常温操作，适用范围广，装置简单。

12 - 22　外加压差大于溶液的渗透压差。

12 - 23　溶质在膜表面被截留，形成高浓度区的现象。

12 - 24　膜孔的筛分作用，或各组分通过的速率不同。

12 - 25　离子交换膜使电解质离子选择性透过。

阴膜带正电，只让阴离子通过；阳膜带负电，只让阳离子通过。

第 13 章　热、质同时传递的过程

13 - 1　(1)以传热为主，如直接接触换热；(2)以传质为主，如增减湿。

13 - 2　气相的独立变量有两个(t,p)，液相的独立变量只有一个(θ 决定 p_e)。一个过程的继续打破另一过程的瞬时平衡。

13 - 3　可以 $\theta \neq t, p \neq p_e$(如：大量气，少量水)。

13 - 4　t、H、p。$t\uparrow, t_w\uparrow; H\uparrow, t_w\uparrow; p\downarrow, t_w\downarrow$。$t_{as}$由热量衡算和物料衡算导出，属于静力学问题；$t_W$是传热传质速率均衡的结果，属动力学问题。

13 - 5　忽略液量变化 dL，且 $\alpha/k_H \approx c_H$。

第 14 章　固体干燥

14 - 1　机械去湿、吸附或抽真空去湿、供热干燥等。

14 - 2　热质同时传递。

14 - 3　空气预热。

14 - 4　$t_d \leqslant t_W \leqslant t$。

$\varphi = 100\%$时，$t_d = t_W = t$。

14 - 5　物料中水的平衡蒸气压开始小于饱和蒸气压时所含水为结合水，超出部分为非结合水。

14 - 6　指定空气条件下的被干燥极限为平衡含水量，超出的那部分含水为自由含水量。

14 - 7　由恒速段向降速段转折时所对应的含水量为临界含水量。

物料本身性质、结构、分散程度、干燥介质条件(u、t、H)。

结构松、颗粒小、$u\downarrow$、$t\downarrow$、$H\uparrow$、都会使 $X_c\downarrow$。

14 - 8　干燥速率太大会引起物料表面结壳，收缩变形，开裂等。

14 - 9　热效率 η=(汽化水分、物料升温需热)/供热。

14 - 10　(1)预热段、升温段、热损失忽略不计；(2)水分都在表面汽化段除去。

14 - 11　提高进口气温 t_1，降低出口气温 t_2，采用中间加热，废气再循环。

14 - 12　(1)对物料的适应性；(2)设备的生产能力；(3)能耗的经济性(热效率)。

附录 2 《化工原理(少学时)》思考题参考答案

第 1 章 流体流动与输送机械

1-1 假定流体是由大量质点组成的、彼此间没有间隙、完全充满所占空间的连续介质。质点是含有大量分子的流体微团，其尺寸远小于设备尺寸，但比起分子自由程却要大得多。

1-2 黏性的物理本质是分子间的引力和分子的热运动。一般地，气体的黏度随温度上升而增大，因为气体分子间距大，自由程比较长，以分子的热运动为主；温度上升，热运动加剧，黏度上升。液体的黏度随温度增加而减小，因为液体分子间距小，自由程短，以分子间力为主，温度上升，分子间的引力下降，黏度降低。

1-3 静压强的特性：(1)静止流体中任意界面上只受到大小相等、方向相反、垂直于作用面的压力；(2)作用于任意界面所有不同方向的静压强在数值上是相等的(各向同性)；(3)压强各向传递。

1-4 (1) 图略，受力箭头垂直于壁面、上小下大。

(2) 内部压强为 $p=\rho gh=1000\times 9.81\times 0.5=4905\text{Pa}=4.905\text{kPa}$；

外部压强为 $p=\dfrac{F}{A}=\dfrac{10}{0.008}=1250\text{Pa}=1.25\text{kPa}$，小于内部压强。这是因为内壁施加给流体向下的力，使得内部压强大于外部压强。

1-5 R_2为 U 形压差计，容器 A 的势能下降，使它与容器 B 的液体势能差减小，故 R_2减小。因为 R_1为 U 形测压管，U 形管两侧同时降低，势能差不变。

1-6 伯努利方程的应用条件是：重力场下、不可压缩、理想流体作定态流动，流体微元与其他微元或环境没有能量交换时，同一流线上的流体间能量的关系。

1-7 $R=R'$，因为 U 形管指示的是总势能差，与相同管道的垂直放置还是水平放置无关。

1-8 选(1)$p_B<p_A$，因为管道出口通大气，出口压强为大气压等于 p_A，而 B 处的位置比出口处高，所以压强较低。

1-9 层流和湍流的本质区别：流动是否存在流动速度 u、压强 p 的脉动性，即是否存在流体质点的脉动性。

1-10 雷诺数的物理意义是惯性力与黏性力的比值。

1-11 泊谡叶方程是 $\Delta\mathscr{P}=\dfrac{32\mu lu}{d^2}$。其应用条件为不可压缩流体在直管内作层流流动时的阻力损失大小计算式。

1-12 (1) h_1下降，h_2下降，(h_1-h_2)下降；(2)h_1上升，h_2上升，(h_1-h_2)下降。

1-13 q_V、q_{V1}下降，q_{V2}、q_{V3}上升。

1-14 流体输送机械向单位重量流体所提供的能量，J/N。

1-15 离心泵的压头与流量、叶轮转速、叶片形状及叶轮直径大小有关。

1-16 后弯叶片的优点：后弯叶片使流体势能的提高大于动能的提高，动能在蜗壳中转换成势能时损失小，泵的效率高。

后弯叶片的缺点：产生同样的理论压头所需泵的体积比前弯叶片的大。

1-17 离心泵的特性曲线是 H_e-q_V，$\eta-q_V$，P_a-q_V 曲线关系。影响这些曲线的主要因素有：液体的密度和黏度、转速、叶轮形状及叶轮直径的大小。

1-18 离心泵的工作点是由管路特性方程与泵的特性方程共同决定的。因此，调节流量分别改变管路特性方程和泵的特性方程，前者在管路中设置出口阀门，后者改变泵的转速和叶轮直径等。

1-19 随着江面的上升，管路特性曲线下移，泵的特性曲线不变，所以工作点右移，流量增大，而泵的压头下降，阻力损失增加；随着江面上升，管路内各点压强均上升，所以真空表读数减小，出口压强表读数增加。

1-20 泵的汽蚀是指泵输送液体时，液体在泵的最低压强点（叶轮进口处）发生汽化形成气泡，气泡随后在叶轮中因压强升高而溃灭，从而造成液体对泵的冲击，引起泵的振动及腐蚀的现象。

避免汽蚀的方法：规定泵的实际汽蚀余量必须大于允许汽蚀余量，保证泵的实际安装高度低于泵的允许安装高度。

1-21 正位移特性是指流量大小仅取决于泵，与管路特性无关。

1-22 往复泵同样有汽蚀问题，这取决于液体汽化压强的高低。

1-23 启动泵是否关闭出口阀门，和泵的功率特性曲线的走向有关，离心泵零流量下的功率负荷最小，所以启动离心泵时关闭出口阀，使得电机负载最小，保护电机；旋涡泵在大流量下功率负荷最小，所以启动旋涡泵时要开启出口阀门，使电机负载最小，也保护电机。

1-24 通风机施加给每立方米气体的能量称为全风压，其中的动能部分称为动风压。离心泵的压头单位是 m（米液柱），全风压的单位是 N/m^2，两者单位不同，按 $\Delta p=\rho g H$ 表示，可知高度 H 和密度 ρ 无关时，Δp 和密度 ρ 成正比。

第 2 章　传热

2-1 传热过程三种基本方式：直接接触式传热、间壁式传热和蓄热式传热。

2-2 三种传热机理：传导、对流和热辐射。

2-3 与物质聚集状态（相态）、温度等有关。

2-4 流动流体载热。

2-5 加热面在下，制冷面在上。

2-6 液体沸腾的必要条件：过热度和汽化核心。

2-7 核状沸腾状态。此时，对流给热系数大，壁温较低。

2-8 改善加热表面，以提供更多的汽化核心；沸腾液体加入添加剂，降低液体表面张力。

2-9 避免不凝性气体累积，防止给热系数降低。

2-10 因为热辐射量和绝对温度的四次方成正比，低温时热辐射量比较小，高温时热辐射量比较大，即热辐射量对温度比较敏感。

2-11　影响辐射的主要因素有：温度、几何位置、表面黑度、辐射面积、中间介质等。

2-12　(1)相变热远大于显热；(2)沸腾时气泡的搅动加速对流；蒸汽冷凝时液膜较薄。

2-13　传热系数 K、$q_{m1}c_{p1}$、$q_{m2}c_{p2}$沿程不变，管程、壳程皆为单程。

2-14　逆流对数平均推动力 Δt_m 大，载热体用量少。并流主要用于热敏性物料的加热，控制壁温以免过高。

第3章　非均相机械分离过程

3-1　曳力系数 $\zeta=\dfrac{F_D}{A_p\rho\dfrac{u^2}{2}}$，它与颗粒雷诺数$Re_p=\dfrac{\rho ud_p}{\mu}$、颗粒的形状系数 ψ 有关。

3-2　斯托克斯定律 $u_t=\dfrac{d_p^2(\rho_p-\rho)g}{18\mu}$，应用前提$Re_p=\dfrac{\rho ud_p}{\mu}<2$，当颗粒直径 d_p 很小时，加速阶段忽略不计。

3-3　重力降尘室的底面积和沉降速度；降尘室的高度不影响气体处理量，但事关沉降距离的高低。

3-4　提高沉降速度，具体有三：加大颗粒直径 d_p(凝聚或絮凝)、提高重力加速度、降低流体黏度。

3-5　过滤速率 $u=\dfrac{dq}{d\tau}=\dfrac{\Delta\mathscr{P}}{r\varphi\mu}(q+q_e)$中，$u$ 和 $\Delta\mathscr{P}$、r、φ、μ、q、q_e 有关。

3-6　K、q_e 为过滤常数，K 和压差、悬浮液浓度、滤饼的比阻、滤液黏度有关；q_e 和过滤介质阻力有关。恒压下 K、q_e 为常数。

3-7　采用跟踪法考察，所以过滤面积为 A，而 ϕ 体现在过滤时间里。此类过滤机的滤饼厚度不与生产能力成正比，这是因为滤饼厚度 δ 与 $q=\sqrt{K\dfrac{\varphi}{n}+q_e^2}-q_e$ 成正比，例如，转速越快，生产能力越大，而滤饼厚度越薄。

第4章　吸收

4-1　吸收的目的是分离气体混合物；吸收的基本依据是气体混合物中各组分在溶剂中溶解度不同；吸收的主要操作费用花费在溶剂的再生(即解吸)和溶剂损失。

4-2　选择溶剂的主要依据是溶解度大、选择性高、再生方便、蒸气压低、损失小等。所谓溶剂的选择性是指溶剂对溶质溶解度大，对其他组分溶解度小。

4-3　m、E 和 H 三者之间的关系为$m=\dfrac{E}{p}=\dfrac{Hc_M}{p}$，三者均随温度升高而增大，后两者基本与总压没有关系，而 m 反比于总压 p。

4-4　气液接触方式有级式接触和微分接触(连续接触)。

4-5　气体分子的扩散系数 $D_g\propto\dfrac{T^{1.81}}{p}$；液体分子扩散系数 $D_l\propto\dfrac{T}{\mu}$。

4-6 表面更新理论考虑到微元传质的非定态性，从 $k\propto D$ 推进到 $k\propto D^{0.5}$。

4-7 当 $mk_y \ll k_x$ 时，为气相阻力控制；当 $mk_y \gg k_x$ 时，为液相阻力控制。

4-8 低含量吸收的三个特点：气液相流率 G、L 为常量；视为等温吸收过程；传质系数沿塔高不变。

4-9 将分离任务的难易程度和设备性能的高低相对分开，便于分析。

4-10 建立操作线方程的依据是塔段的物料衡算。

4-11 通常，完成给定分离任务所需塔高为无穷大时的液气比即最小液气比 $\left(\frac{L}{G}\right)_{\min}=\frac{y_1-y_2}{x_{1e}-x_2}$，其值大小取决于相平衡和物料衡算。

4-12 一般有三种计算方法：对数平均推动力法、吸收因数法和数值积分法。前两种方法的应用条件是相平衡线是直线或过原点的直线。

4-13 传质单元高度 H_{OG} 反映出气体流经该 H_{OG} 高度塔段的浓度变化，数值上等于该高度内的平均推动力。常用设备的 $H_{OG}=0.15\sim1.5m$。

4-14 吸收剂进塔条件的三要素有 L、t 和 x_2。$t\downarrow$，$x_2\downarrow$，$L\uparrow$ 均有利于吸收。

4-15 填料特性包括：比表面积 a、空隙率 ε、填料的几何形状。常用填料有：拉西环、鲍尔环、矩鞍形填料、阶梯环、网体填料等。

4-16 填料塔内随着气速逐渐由小到大，气液两相流动的交互影响开始变得比较显著时的操作状态称为载点；气速进一步增大至出现压降陡增的转折点即为泛点。

4-17 填料塔各种附件及其作用分别是支承板，主要作用是支承塔内填料；液体分布器，主要作用是均匀分布液流；液体再分布器，主要作用是改善液流向壁偏流所造成的分布不均匀状态；除沫器，主要作用是除去填料顶端逸出气相中的液滴。

第5章 精馏

5-1 蒸馏的目的是分离液体混合物，其基本依据是液体中各组分挥发度的差异。

5-2 蒸馏的主要操作费用花费在加热和冷却。

5-3 依据相律，双组分汽液两相平衡共存时自由度为 $F=2$（当压强 p 一定时，为温度 t 与汽相组成 y 或液相组成 x 的关系；当 t 一定时，为压强 p 与气相组成 y 或液相组成 x 的关系）；当压强 p 一定时，$F=1$。

5-4 总压增加，相对挥发度下降，分离变得困难。

5-5 相对挥发度 $\alpha=1$ 时，$x=y$，普通精馏无法实现相对分离。

5-6 两相接触时实现分离的必要条件，唯其如此，才能实现两相充分接触、传质，实现高纯度分离，否则，仅为一级平衡（平衡蒸馏）。

5-7 所谓理论板是指离开该板的汽液两相达到相平衡的理想化塔板。

5-8 在没有加料、出料的情况下，塔段内的汽相或液相摩尔流量各自不变；成立的主要条件是组分的摩尔汽化潜热相近，不计热损失和显热差。

5-9 1kmol 加料加热至饱和气体所需热量与摩尔汽化潜热之比；其值表明加料热状态，

故称为加料热状态参数。加料热状态有五种:过热蒸汽加料、饱和蒸汽加料、汽液混合物加料、泡点加料、冷液加料。

5-10 建立操作线的依据是塔段的物料衡算;操作线为直线的条件是恒摩尔流(液汽比为常数)。

5-11 在全回流条件下,塔顶、塔底浓度达到分离要求时的最少理论板数。

5-12 达到指定分离要求时所需理论板数为无穷多时的回流比,是确定理论板数时特有的问题。

5-13 确定最适宜回流比需考虑设备费和操作费之和最低。

5-14 能。

5-15 塔板温度对外界干扰反映最灵敏的塔板。

5-16 板式塔的设计意图是汽液两相在塔板上充分接触;总体上汽液两相逆流流动,提供最大的传质推动力。总体两相逆流,塔板上均匀错流。

5-17 鼓泡接触状态:汽量低,气泡数量少,液层清晰。泡沫状态:汽量较大,液体大部分是以液膜形式存在于气泡之间,但液体仍然为连续相。喷射状态:气量很大,液体以液滴形式存在,汽相为连续相。

5-18 板式塔的主要非理想流动包括:液沫夹带、气泡夹带、气体的不均匀流动、液体的不均匀流动。

5-19 过量液沫夹带引起夹带液泛,溢流管降液困难引起溢流液泛。

5-20 板式塔不正常操作现象有:夹带液泛、溢流液泛和漏液。

5-21 筛板塔的负荷性能图受过量液沫夹带、漏液、溢流液泛、液量下限($h_{ow}\geqslant 6\text{mm}$)和液量上限($\left(\frac{H_T A_f}{L_{max}}\geqslant 3\sim 5\text{s}\right)$)五个条件约束。所谓操作弹性是指上、下操作极限的气体流量之比。

5-22 评价塔板优劣的标准主要有:通过能力、板效率、板压降、操作弹性、结构简单、成本低。

第6章 其他传质分离方法

6-1 分离液体混合物。其原理是混合液体各组分在溶剂中溶解度的差异。

6-2 溶剂的必要条件:(1)与混合液体中的稀释剂不完全互溶;(2)对溶质组分具有选择性溶解度。

6-3 萃取和吸收的差别:(1)萃取中稀释剂往往部分互溶,平衡线为曲线,使得萃取过程较吸收过程复杂;(2)萃取过程中若分相中的密度差过小、界面张力小时,会造成分相困难,设备变得复杂。

6-4 下列三种情况下考虑萃取分离:(1)对于混合液体的组分出现共沸时或相对挥发度值小于1.06时;(2)稀溶液(低浓度);(3)热敏性物料。

6-5 相平衡的两相无限趋近变成一相时的组成所对应的点即为临界混溶点。它不一定是溶解度曲线的最高点。

6-6　分配系数等于1时能够进行萃取分离操作。萃取相、萃余相各自脱除溶剂后得到萃取液、萃余液。

6-7　选择性系数$\beta=\dfrac{y_A/y_B}{x_A/x_B}$。当$\beta=1$时，不可用萃取方法分离液体混合物。当$\beta=\infty$时，意味着稀释剂和溶剂完全不互溶。

6-8　温度低时，稀释剂与溶剂互溶度小，相平衡对萃取操作较为有利，萃取操作范围大，但是黏度大对萃取操作不利，故要适当选择。

6-9　轻相和重相的极限通过能力；传质系数K_ya或$HETP$。前者决定设备的直径D，后者决定塔高。

6-10　分散相的选择应该考虑$\dfrac{d\sigma}{dx}$的正负、两相流量比、黏度大小、润湿性能、安全性等。

6-11　结晶的基本方法：溶液结晶、熔融结晶、升华结晶、反应沉淀。溶液结晶操作的基本原理是溶液的过饱和。

6-12　造成过饱和度的方法：冷却、蒸发浓缩。

6-13　和精馏相比较，结晶操作的分离纯度高、操作温度低、相变热小。

6-14　晶格是指晶体微观粒子几何排列的最小单元。晶系是指按照晶格结构的晶体分类。晶习是指晶格形成不同晶体外形的习性。

6-15　在一定温度下，开始析出结晶的溶液浓度高于溶解度，故超溶解度曲线在溶解度曲线的上面。溶液有三种状态：饱和、不饱和、过饱和。当溶液浓度处于不饱和状态时，属于稳定区；当溶液浓度介于超溶解度曲线和溶解度曲线之间时，属于介稳区；当溶液浓度大于超溶解度曲线浓度时，属于不稳区。

6-16　结晶经历的两个阶段分别是晶核生成和晶体成长。

6-17　晶核的生成方式有：初级均相成核、初级非均相成核和二次成核。

6-18　小晶体的溶解和大晶体的成长同时发生，产生再结晶现象。

6-19　过饱和度越大，越有利于成核；过饱和度越小，越有利于晶体的生长。

6-20　选择结晶设备时需要考虑的因素包括：物系性能、溶解度曲线的斜率、能耗、产品粒度、处理量等。

6-21　流体中的吸附质借助于分子间范德瓦尔斯力而富集于吸附剂固体表面的现象称为吸附。吸附分离的基本原理是吸附剂对流体中各组分的选择性吸附。

6-22　常用吸附解吸循环操作包括：变温、变压、变浓度、置换。

6-23　常用吸附剂有：活性炭、硅胶、活性氧化铝、活性土、沸石分子筛、吸附树脂等。活性炭亲有机物；硅胶是极性的，亲水；活性氧化铝是极性的，亲水；活性土也是极性的，亲水；沸石分子筛的极性是可以改变的，可筛选分子，选择性较强；吸附树脂可以引进不同的官能团，改变树脂本身的极性及其强弱。所谓分子筛是指晶格结构一定，微孔的大小均一，能起到筛选分子作用的吸附剂。

6-24　工业吸附剂的要求是内表面大，活性高，选择性高，有一定的机械强度和粒度，化学稳定性好。

6－25　有利的吸附等温线随着流体相浓度的增高，吸附等温线的斜率降低。

6－26　先将朗格缪尔模型线性化$\frac{1}{x}=\frac{1}{x_m k_L}\times\frac{1}{p}+\frac{1}{x_m}$，然后实验测定 p、x，确定参数 x_m、k_L。

6－27　吸附床的传质扩散分为分子扩散、努森扩散、表面扩散和固体(晶体)扩散四种形式。

6－28　吸附过程的传质步骤分为外扩散、内扩散和吸附三个吸附步骤。

6－29　固定床吸附器中，固体相浓度随距离的变化曲线称为负荷曲线。出口浓度随时间的变化曲线称为透过曲线。透过曲线中，出口浓度达到进口浓度的5％时，对应的点称为透过点。出口浓度达到进口浓度的95％时，对应的点称为饱和点。

6－30　固定床吸附塔内吸附剂利用率与传质速率、流体流速、相平衡有关。

6－31　常见吸附分离设备包括：固定床吸附器、搅拌釜吸附器、流化床吸附器。

6－32　利用固体膜对流体混合物各组分的选择性渗透，实现混合物的分离，这种操作称为膜分离。常见的膜分离过程有：反渗透、超滤、电渗析、气体渗透分离。

6－33　膜分离操作的特点：不发生相变化，能耗低，常温操作，适用范围广，装置简单。膜分离过程对膜的基本要求有：截留率、透过速率、截留相对分子质量。

6－34　常见的膜分离器有：平板式膜分离器、管式膜分离器、螺旋卷式膜分离器、中空纤维式膜分离器。

6－35　反渗透的基本原理是外加压差大于溶液的渗透压差。

6－36　溶质在膜表面被截留，形成高浓度区的现象称为浓差极化。

6－37　超滤的分离机理是膜孔的筛分作用，或各组分通过的速率不同。

6－38　电渗析的分离机理是离子交换膜使电解质离子选择性透过。阴膜带正电，只让阴离子通过；阳膜带负电，只让阳离子通过。

6－39　气体混合物膜分离的机理是努森流的分离作用或均质膜的溶解、扩散、解吸。

第7章　固体干燥

7－1　物料去湿的常用方法有：机械去湿、吸附或抽真空去湿、供热干燥等。

7－2　对流干燥的特点是热质同时传递。

7－3　对流干燥的主要操作费用在空气的预热。

7－4　$t_d \leqslant t_w \leqslant t$。当 $\phi=100\%$时，$t_d=t_w=t$。

7－5　平衡水蒸气压开始小于饱和蒸气压的含水量为结合水，超出结合水的部分为非结合水。

7－6　指定空气条件下的被干燥极限为平衡含水量，超出平衡含水量的那部分水为自由含水量。

7－7　由恒速阶段向降速阶段转折时所对应的含水量称为临界含水量。临界含水量受到物料本身性质、结构、分散程度、干燥介质条件（u、t、H）等的影响，结构疏松、颗粒小、$u\downarrow$、$t\downarrow$、$H\uparrow$都使得临界含水量降低。

7-8　干燥速度过快会使物料表面结壳，收缩变形，开裂等。

7-9　热效率$\eta=\frac{Q_{水汽化、物料升温}}{Q_{供热}}$。

7-10　理想干燥器的假定条件：(1)预热段、升温段、热损失均忽略不计；(2)水分皆在物料表面汽化段除去。

7-11　提供热效率的措施：提高进口气体温度t_1；降低出口气温t_2；采用中间加热；废气再循环。

7-12　评价干燥器技术性能指标有：(1)物料的适应性；(2)设备的生产能力；(3)能耗的经济性(热效率)。